# MESSER MAGAZIN WORKSHOP

Peter Fronteddu und Stefan Steigerwald

# Integralmesser

WIELAND

Peter Fronteddu und Stefan Steigerwald

# Integralmesser
Komplette Anleitung: Schritt für Schritt von der Konstruktion zum fertigen Messer

1. Auflage, 2008

ISBN 978-3-938711-22-4

© copyright by
Wieland Verlag GmbH, Rosenheimer Straße 22, D-83043 Bad Aibling
Telefon 08061/38998-0, Fax 08061/38998-20
Internet: www.wieland-verlag.com
E-Mail: info@wieland-verlag.com

Umschlaggestaltung und Layout: Caroline Wydeau

Druck: Passavia Druckservice GmbH, 94036 Passau

Printed in Germany

# INHALT

# EIN PAAR SÄTZE VORAB

Das Messermachen wird als Hobby immer beliebter. Mehr und mehr Menschen entdecken, wie viel Freude es bringen kann, einen so schönen und gleichzeitig praktischen Gegenstand wie ein Messer selbst anzufertigen. Es gibt kaum ein anderes Objekt, das auf so überzeugende Weise Werkzeug, Sammelgegenstand, ästhetisches Objekt und sogar Kunstwerk in einem sein kann. Das Messer als ältester Begleiter der Menschheit hat in jeder Hinsicht einen ganz besonderen Status.

Mit der MESSER MAGAZIN Workshop-Reihe wollen wir Ihnen Hilfestellung in allen technischen Fragen geben und Ihnen so manchen Fehler ersparen. Diese Buchreihe stellt eine Vielzahl von Themen und Messer-Bauarten dar – so aufbereitet, dass Sie jeden einzelnen Schritt nachvollziehen und auch nachmachen können. Dabei haben wir besonders auf die Praxis- und Werkstatttauglichkeit der Bände Wert gelegt.

Nach den Bänden „Liner-Lock-Messer", „Back-Lock-Messer" und „Messer schmieden für Anfänger" ist der vorliegende Band nun der vierte aus dieser Reihe. Erfahrungen bei der Erstellung der vorhergehenden Bände sowie konstruktive Kritik der Leser sind in diesen Band eingeflossen.

Wir haben versucht, jeden Arbeitsschritt so verständlich wie möglich darzustellen. Was wir nicht können, ist Ihnen eine Anleitung für grundlegende handwerkliche Fähigkeiten wie Sägen, Bohren oder Feilen zu liefern. Das würde den Rahmen dieses Bandes eindeutig sprengen. Sollten Sie also noch nie einen Hammer in der Hand gehabt haben, dann wäre es sinnvoll, zunächst ein paar Basisfertigkeiten zu erwerben, bevor Sie sich an Ihr erstes Messer wagen. Aber keine Angst: Sie müssen keine Werkzeugmacherlehre absolvieren, um das Messermacher-Hobby mit Erfolg und Freude ausüben zu können. Und wenn Sie mit Ihrer Ausrüstung oder Ihren Fähigkeiten an Grenzen stoßen, haben Sie immer noch die Möglichkeit, auf fertige Teile aus dem Fachhandel oder die Hilfe von Spezialisten zurückzugreifen.

Auf jeden Fall sollten Sie, bevor Sie zum Werkzeug greifen, die Beschreibungen in diesem Buch vollständig durchlesen. Dann wissen Sie, was auf Sie zukommt, und erleben nicht mitten in der Arbeit unangenehme Überraschungen.

Mein herzlicher Dank geht an Peter Fronteddu und Stefan Steigerwald für Ihr großes Engagement und ihre akribische Arbeit. Als Autor/Fotograf und Messermacher bilden sie ein hervorragendes Team.

Viel Freude und gutes Gelingen!

*Hans Joachim Wieland*
*Chefredakteur MESSER MAGAZIN*

Ein Vollintegralmesser zu bauen, ist ja schon etwas dekadent. Man zerspant einen großen (und je nach Material auch recht teuren) Klotz aus Stahl, hat erheblichen Aufwand beim Einpassen des Griffmaterials und mit der allgemeinen Symmetrie. Und dann schneidet das Messer auch nicht besser als ein Flachangel- oder Steckangelmesser. In der Ausgewogenheit und dem Gesamtgewicht schneidet es in der Regel noch schlechter ab.

Dennoch macht es auch Spaß, unvernünftig zu sein. Es ist die Exklusivität und das Wissen um den höheren Fertigungsaufwand, was den Reiz ausmacht.

Da ich für dieses Buch ein Messer fast komplett in reiner Handarbeit fertiggestellt habe, musste ich auf die sonst so gern benutzten Maschinen verzichten. Eine Erfahrung, die ich so schnell nicht wiederholen muss. Aber auch ein Beweis, dass es eben auch mit einfachen Mitteln funktioniert. Ich habe großen Respekt vor jedem, der sich auf diesen steinigen Weg begibt.

Ich hoffe, dass wir durch unsere Lösungsansätze – die wie in unseren anderen Workshop-Bänden nicht absolut gelten, sondern als Anregungen für die eigene Arbeitsweise gelten sollen – den Wunsch nach einem eigenen Projekt geweckt haben.

Die hervorragenden Fotos und den Überblick bei der Betextung der drei parallel laufenden Messer hat Peter wieder meisterlich in den Griff bekommen.

*Stefan Steigerwald*

Wie schon in den Workshops Liner-Lock- und Back-Lock-Messer habe ich den Ablauf der Arbeiten in der Werkstatt von Stefan Steigerwald „live" mit der Kamera begleitet. Im Gegensatz zu den vorangegangenen Projekten, in denen wir zwar unterschiedliche Varianten bei der Ausführung vorgestellt, im wesentlichen aber fortlaufend ein einzelnes Messer beschrieben haben, sind wir im vorliegenden Buch von dieser Struktur abgewichen.

Die Arbeitsmethoden für die hier vorgestellten Messer (gefeilt – gefräst – erodiert) sind so unterschiedlich, dass wir uns entschlossen haben, den Ablauf der Arbeiten für jedes der drei Messer möglichst komplett durchgängig zu zeigen. Daher behandeln wir – nach den grundlegenden Überlegungen und dem Anfertigen einer Skizze – jedes Messer separat von den ersten Arbeitsschritten bis zur Fertigstellung. Dabei beschreiben wir unser Pojekt 1 (das von Hand gefeilte Messer) am ausführlichsten. Bei den beiden anderen Messern konzentrieren wir uns auf die Besonderheiten der jeweiligen Fertigungsmethode und nehmen teilweise auf Arbeitsschritte bezug, die auch beim gefeilten Messer erfolgen. Deshalb ist es sinnvoll zunächst die Ausführungen zum gefeilten Messer (Kapitel 3) zu lesen, bevor man zu den weiteren Kapiteln übergeht.

Der Laie erkennt oft nicht, was hinter handwerklichen Arbeiten steckt. Nachdem ich nun schon zum dritten Mal den kompletten Entstehungsprozess von aufwändigen Messern begleiten konnte, kann ich die Handarbeit, das Improvisationstalent und die Kreativität eines Messermachers viel besser einschätzen. Ich wünsche mir, dass ich diese Wertschätzung auch den Lesern dieses Bands vermitteln kann.

*Peter Fronteddu*

# VORÜBERLEGUNGEN

## 1.1 Mehrere Wege – ein Ziel

Beginnen wir mit einer Begriffsklärung: Ein Integralmesser ist ein feststehendes Messer, bei dem Klinge, Erl, Backen (bzw. Parierelement) und Knauf aus einem einzigen Stück Stahl gefertigt sind. Dabei unterscheidet man so genannte Halbintegralmesser (die keinen Knauf am Ende des Griffs haben) und Vollintegralmesser (die – Sie ahnen es – einen Knauf besitzen). Integralmesser gelten als die hochwertigsten aller feststehenden Messer. Auf jeden Fall sind sie am schwierigsten zu bauen.

Für die Fertigung eines Integralmessers gibt es die verschiedensten Methoden. Um mehrere unterschiedliche Varianten zu beschreiben, werden wir – ausgehend vom gleichen Grunddesign – drei Integralmesser bauen. Wie schon in unseren vorangegangenen Workshop-Bänden beginnen wir auch hier mit der Skizze und dem Bau einer Schablone für unser Integralmesser.

Da nicht jedem Messermacher ein umfangreicher Maschinenpark zur Verfügung steht – und bei manchen ohnehin eine weitgehend manuelle Fertigung zur Philosophie gehört – werden wir zeigen, wie ein Integralmesser mit geringem Maschineneinsatz gebaut werden kann. Das ist die erste Variante.

Für ein weiteres Messer werden wir den bei Stefan Steigerwald üblicherweise eingesetzten „Maschinenpark" nutzen. Dazu gehören eine Planschleifmaschine, diverse Bandschleifer, Bohrmaschinen, Drehbänke und eine große Fräsmaschine, mit der der Hauptteil der Arbeiten bei dieser Variante unseres Integralmessers ausgeführt wird.

Eine weitere (und sehr bequeme) Möglichkeit ist es, sich den Messerrohling von einer geeigneten Firma weitgehend fertig drahterodieren zu lassen. Auch diese Variante stellen wir vor.

Noch ein Hinweis zur Arbeitssicherheit: Da die einzelnen Arbeitsschritte auch fotografisch anschaulich dokumentiert werden sollten, wurde teilweise auf notwendige und sinnvolle Sicherheitsmaßnahmen verzichtet. Jeder, der sich an den Bau eines Messers macht, sollte sich dringend über die notwendigen Maßnahmen informieren, die ein sicheres Arbeiten ermöglichen. Dazu gehören etwa der Schutz der Augen oder das sichere Fixieren der zu bearbeitenden Bauteile. Das gilt insbesondere und spätestens dann, wenn motorbetriebene Maschinen ins Spiel kommen.

## 1.2 Die einzelnen Messer

Unser Integralmesser soll eine vernünftige Größe bekommen. Es soll einigermaßen handlich bleiben, aber mit einer ausreichend großen Klinge ausgestattet sein. Wir wählen eine Klingenlänge von elf Zentimetern und in etwa das gleiche für den Griff. Als Rohling für das gefeilte und das drahterodierte Messer verwenden wir ein Stück pulvermetallurgischen RWL-34-Stahl in der Stärke 14 x 35 mm, das wir zuerst auf die passende Länge (mit ein wenig Übermaß) kürzen. Für unser Fräsprojekt verwenden wir einen in der Größe passenden Rohling aus rostfreiem Fritz-Schneider-Damast.

Die Form und die Details der Messer lehnen sich an die Möglichkeiten der Bearbeitung an. Für unser Feilprojekt wählen wir ein typisches Drop-Point-Jagdmesser-Design. Die Klingenform und der Schliff sollen praxisgerecht sein und sich auch beim Arbeiten mit der Feile gut realisieren lassen. Aus optischen Gründen wählen wir eine leichte Recurve Form. Durch die längere Schneide, zusammen mit einer leicht abgerundeten Spitze, ergibt sich eine ideale Form zum Aufbrechen von Wild. Der hintere, verjüngte Schneidenbereich eignet sich hervorragend zum Schnitzen oder für feinere Arbeiten. Schneidet man oft auf glattem Untergrund oder bevorzugt man ein sehr klassisches Jagdmesserdesign, wäre eine Drop-Point-Klinge mit geradem Schneidenverlauf eine Alternative. Der Klingenschliff soll durchgehend werden, bis fast an den Klingenrücken, was einen schnittfreundlichen Schneidenwinkel ergibt und sich recht zügig und unkompliziert feilen lässt. Insgesamt verzichten wir auf eine komplizierte Formgebung, um die Arbeit nicht zu aufwändig werden zu lassen.

Bei unserem Fräsprojekt wollen wir ein Messer im typischen Schuppendesign von Stefan Steigerwald bauen. Der Klingenrücken bekommt eine Fehlschärfe, die Übergänge von Schalen und Griff werden gerundet und mit Schwalbenschwanzpassungen versehen. Zusammen mit den eingearbeiteten Schuppen wird der Aufwand deutlich höher, weshalb wir viel am Bandschleifer und der Fräse machen werden.

Aus dem drahterodierten Rohling soll ein sehr klares, eher „technisches" Design entstehen, passend zur vornehmlich maschinellen Herstellung dieses Messers.

Allen Designs ist gemeinsam, dass die Taschen für die Griffschalen mit einer Schräge zur Griffunterseite hin versehen werden. Der Hintergrund ist, dass sich dadurch die Schalen leichter einpassen lassen und besser fixiert werden. Sie werden durch die Schräge im Messer festgeklemmt. Zudem ist diese Konstruktion fehlertoleranter – schleift man von den Schalen ein wenig zu viel ab, rutschen sie ein Stück tiefer ins Messer, sie fallen aber nicht durch die Taschen.

Beim „Schuppenmesser" werden Taschen und Schalen zusätzlich mit einem Radius und einer Schwalbenschwanzpassung versehen, so dass sich die korrekt eingepassten Schalen in die Taschen eindrehen lassen und eine feste, formschlüssige Verbindung eingehen. Auch das drahterodierte Messer erhält Taschen mit Schwalbenschwanz.

Ein weiteres Designmerkmal, auf das wir achten, ist die Fangriemenöse. Ihre Kontur lehnt sich an das Griffende an und verläuft parallel zur äußeren Messerkontur.

## 1.3 Die Materialwahl

Bei einem Integralmesser bilden Klinge und Griff eine Einheit. Deshalb werden an die Materialwahl teilweise andere Anforderungen gestellt als zum Beispiel bei einem Klappmesser.

- Da Klinge und Griff aus dem gleichen Material bestehen, kommt der Rostträgheit eine besondere Bedeutung zu. Der Stahl und das Finish sollen Handschweiß lange widerstehen können und problemlos zu pflegen und zu schützen sein. Das trifft vor allem für die Familie der Stähle mit hohem Chrom-Anteil (über 15 Prozent) zu.

• Gleichzeitig soll der Stahl natürlich eine hinreichend gute Schnitthaltigkeit besitzen.

• Der Stahl soll spanabhebend (mit Fräse oder Feile) gut zu bearbeiten sein.

• Der Stahl soll ein gutes Finish ermöglichen.

• Die Härterei sollte Erfahrung mit dem Stahl haben, ein Härteverzug soll weitestgehend ausgeschlossen werden.

• Der Arbeitsaufwand für ein Integralmesser ist recht hoch. Deshalb ist es wenig sinnvoll, am Material ein paar Euro einzusparen.

In der Summe kommt RWL-34 diesen Anforderungen sehr nahe, weshalb wir uns für diesen pulvermetallurgisch erzeugten Stahl aus Schweden entschieden haben. RWL-34 ist hinreichend rostträge, bietet eine gute Schnitthaltigkeit und ist recht gut zu bearbeiten. Andere hoch legierte Stähle, wie der im Messerbereich übliche CPM-S30V und S60V, empfehlen sich wegen der hohen Anforderungen bei der Bearbeitung eher für erfahrene „Metaller".

Für die „Edelvariante" unseres Integralmessers, das Schuppenmesser, verwenden wir einen Rohling aus rostträgem Fritz-Schneider-Damast. Als eine der wenigen Ausnahmen unter den handgeschmiedeten Damaststählen, gehört dieser Damaststahl zur Gruppe der rostträgen Stähle. Bei einem geschmiedeten Rohling sollte man zuerst darauf achten, dass die Größe für das geplante Messer ausreicht. Häufig ist die vorgeschmiedete Klinge nicht exakt gerade und die Oberflächen vom Schmieden noch rau und wellig. Das alles muss noch begradigt werden, was das Außenmaß entsprechend verringert.

Man sollte auch darauf achten, dass der Rohling nach dem Schmieden nochmals spannungsarm geglüht wurde. Bei Schweißverbundstählen können sich durch ihren vielschichtigen Aufbau mehr Spannungen aufbauen als in Monostählen. Deshalb sollte man auch bei der Bearbeitung alles unternehmen, um einem späteren Härteverzug entgegenzuwirken.

# ZEICHNEN EINER SCHABLONE

## 2.1 Projekt I: Gefeiltes Integralmesser

Wir zeichnen – als ersten Anhaltspunkt – die Maße unseres Rohlings auf Papier. Wir legen die gedachte Mitte (Ende Parierstück, Anfang der Klinge) fest. Die Länge der Schneide (110 mm) und des Griffs (ebenfalls 110 mm) werden bestimmt und eingezeichnet.

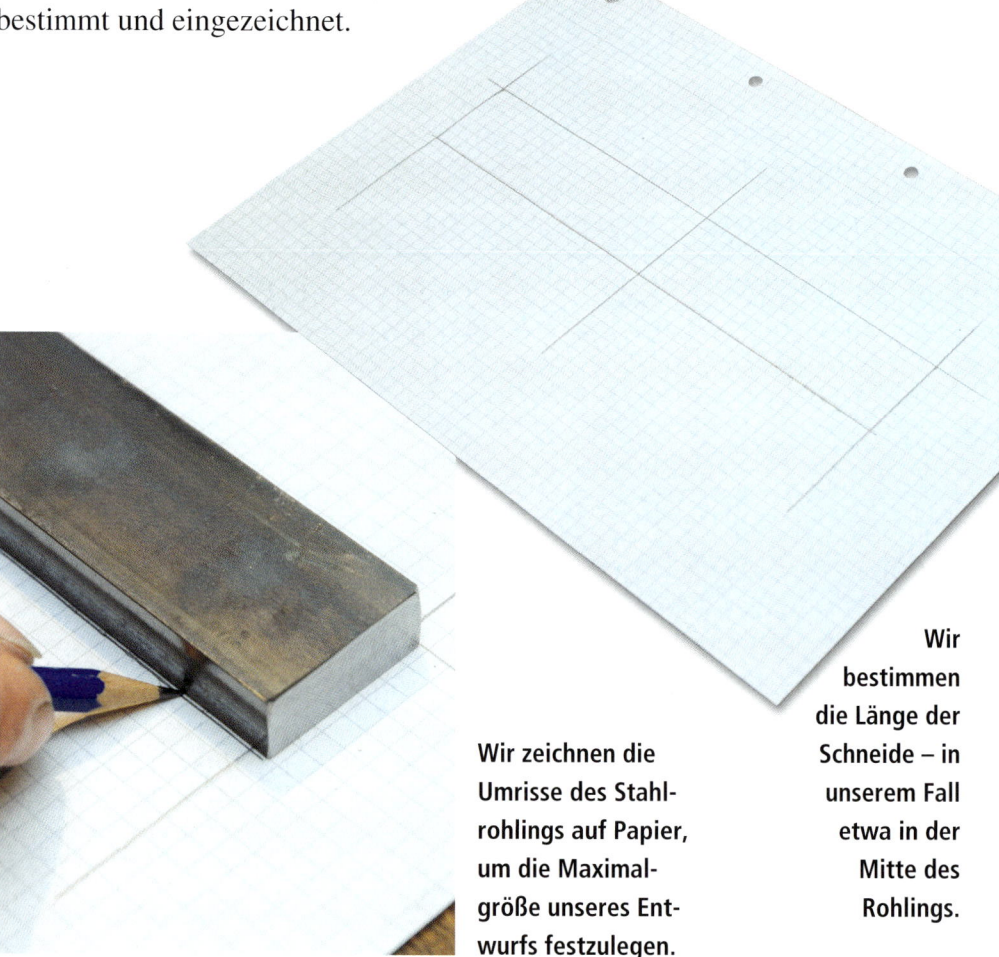

Wir zeichnen die Umrisse des Stahlrohlings auf Papier, um die Maximalgröße unseres Entwurfs festzulegen.

Wir bestimmen die Länge der Schneide – in unserem Fall etwa in der Mitte des Rohlings.

Für die Kontur der Klinge nehmen wir eine Zeichenschablone zu Hilfe. Zuerst bestimmen wir die Oberkante der Schneide, zeichnen den Übergang zum Griff an der Oberkante unserer Begrenzungen weiter und konstruieren, wieder mit Hilfe der Schablone, die Oberkante des Griffs. Freihändig wird die Kontur der Schneide eingezeichnet, hier für unsere Recurve-Klinge.

**Die Oberkanten von Schneide und Griff werden mit Hilfe einer Radienschablone festgelegt.**

**Die Schneidenkontur legen wir freihändig fest.**

Mit der Radien-schablone zeichnen wir die Finger-rille ein.

**Wir skizzieren die Griffunterseite.**

Als nächstes zeichnen wir das Parierstück mit Fingerrille ein. Auch hier nehmen wir eine Schablone zu Hilfe, um saubere Rundungen zu bekommen. Die Höhe der Fingermulde liegt auf Höhe des hinteren Schneidenbereichs, um optisch eine einheitliche Linie zu bekommen.

Die untere Kontur der Griffs und der Abschluss werden skizziert. Auch hier liegt die Oberkante der Fingermulde auf Höhe der Rundungen von Parierstück und Schneide. Im hinteren Bereich sollte man den Griff nicht zu spitz auslaufen lassen, da sonst die Gefahr besteht, dass das Griffmaterial an dieser Stelle ausreißen kann. Außerdem liegt das Messer dann unbequem in der Hand.

Die Tasche, in die später die Griffschalen eingelegt werden, wird gezeichnet. Die Vorderkante läuft parallel zum Parierstück. Am Griffende entscheiden wir uns für einen Winkel von 20°. Welchen Winkel man wählt, ist Geschmackssache und hängt auch vom Grunddesign ab. Generell ist eine Tasche mit einer Schräge an mindestens einer Seite vorteilhaft, weil so das Griffmaterial besser einzupassen ist. Bei der Ausführung mit zueinander schrägen Kanten fixiert sich das Griffmaterial fast schon von selbst.

Zuletzt werden die Fangriemenöse und der Anschliff gezeichnet. Wir planen eine möglichst große Fangriemenöse, da dadurch das Gewicht am Griffende reduziert wird und unser Messer ausgewogener in der Hand liegt.

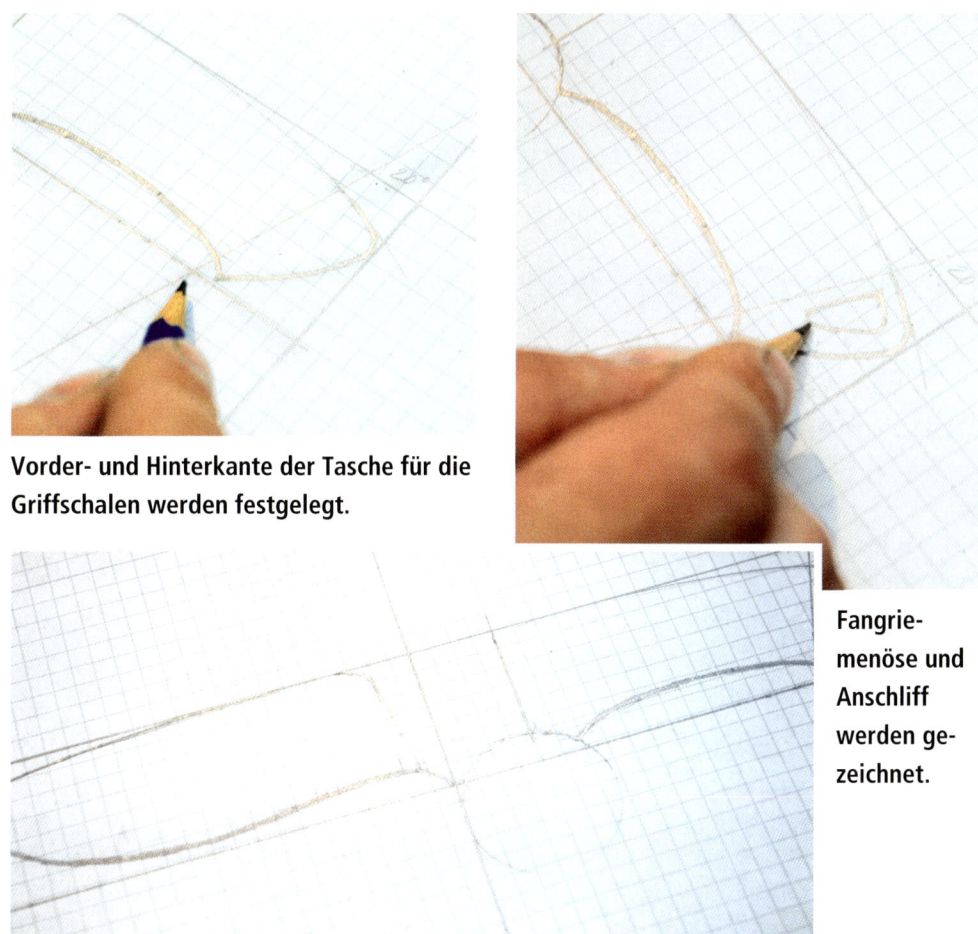

**Vorder- und Hinterkante der Tasche für die Griffschalen werden festgelegt.**

**Fangrie- menöse und Anschliff werden ge- zeichnet.**

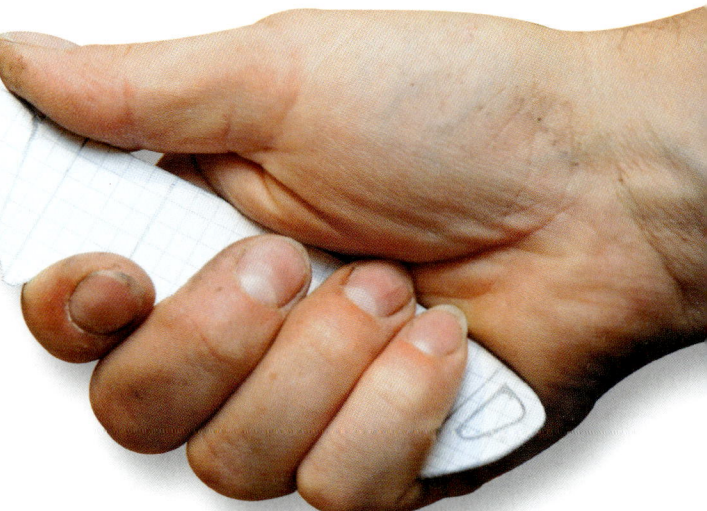

**Die Skizze wird auf Karton übertragen. Nun hat man einen ersten Eindruck, wie das fertige Messer in der Hand liegt.**

Die Schablone wird ausgeschnitten und auf stabilen Karton geklebt. Jetzt können wir die Handlage überprüfen und sehen die Proportionen deutlicher. Bei Bedarf arbeiten wir die Schablone nach.

## 2.2 Projekt II: Gefrästes Integralmesser

Wie beim Feilprojekt fertigen wir uns zunächst eine Schablone an. Da wir in diesem Projekt an einer Fräsmaschine mit Rundtisch arbeiten können, entscheiden wir uns bei den Taschen im Griff für eine runde Ausfräsung mit einer zusätzlichen Schräge von 15°. Dazu verwenden wir einen speziell angeschliffenen Schwalbenschwanzschaftfräser. Im Handel sind solche Werkzeuge auch mit steileren Winkeln erhältlich, etwa 25°, 30°, 45°. Bei steilen Winkeln wird es in späteren Arbeitsschritten allerdings schwieriger, die Übergänge der Tasche zu den Schalen – besonders Richtung Griffrücken und Griffunterseite – symmetrisch herauszuarbeiten.

## 2.3 Projekt III: Erodiertes Integralmesser

Für das Erodierprojekt wird eine Skizze mit Bemaßung angefertigt. In unserem Fall sind zwei Skizzen nötig. Zunächst eine Aufsicht des Messers, um die Klingendicke, die Maße und Form der Backen und Taschen vorzugeben.

Da in die Taschen eine seitliche Schräge eingearbeitet werden soll, wird auch eine Seitenansicht skizziert.

Die Skizze wird von der beauftragten Firma in CAD-Daten umgewandelt und der Rohling nach unseren Vorgaben drahterodiert. Da durch das Erodieren einiges an Ausricht- und Umspannarbeit wegfällt, wählen wir für dieses Projekt eine aufwändigere Außenkontur. So verjüngt sich neben der Angel auch die Klinge in Richtung Spitze. So wird später der Klingenanschliff harmonisch nach vorne auslaufen.

Auch die Schwalbenschwanzpassung der Taschen mit 15° und der Übergangsradius werden in diesem Arbeitsschritt gefertigt. Die vorderen und hinteren Griffbacken werden zu den Griffenden hin verjüngt.

So ergibt sich im Rohling nach dem Erodieren in der Aufsicht eine Kontur, bei der keine Flächen parallel verlaufen. Für weitere Arbeiten heben wir die abgetrennten Stücke des Rohlings auf – sie dienen uns später als Einspannhilfe.

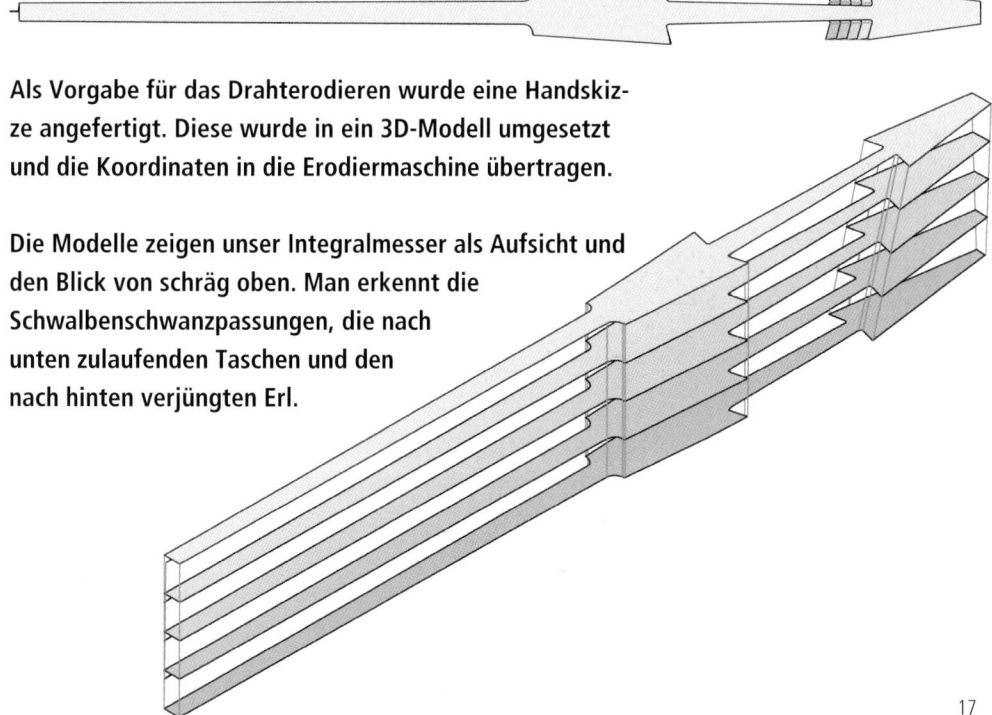

**Als Vorgabe für das Drahterodieren wurde eine Handskizze angefertigt. Diese wurde in ein 3D-Modell umgesetzt und die Koordinaten in die Erodiermaschine übertragen.**

**Die Modelle zeigen unser Integralmesser als Aufsicht und den Blick von schräg oben. Man erkennt die Schwalbenschwanzpassungen, die nach unten zulaufenden Taschen und den nach hinten verjüngten Erl.**

# GRUNDSÄTZLICHES ZUM DRAHTERODIEREN

Wenn man einen Rohling extern fertigen lässt, ist der größe Vorteil die Zeitersparnis. Beim Drahterodieren können auch Formen mit Winkeln und Kanten mit einer einzigen Einspannung sehr sauber und symmetrisch herausgearbeitet werden. Die gleiche Genauigkeit mit manuellen Mitteln zu erzeugen, dauert lange und verlangt wegen der vielen Einflussfaktoren (Toleranzen beim Einspannen, dem Rundlauf und dem Übertrag der Konturen) ein sehr genaues Arbeiten. Trotz der nicht geringen Kosten für das Drahterodieren rechnet sich die externe Vergabe schnell, gerade bei etwas aufwändigeren Messern.

Von Nachteil kann sein, dass beim Drahterodieren jeweils eine Seite eines Messers in einem einzigen Arbeitsgang komplett herausgearbeitet wird und sich dadurch eventuell Spannungen im Material aufbauen. Unter Umständen beeinflussen diese Spannungen die Maßhaltigkeit auf der anderen Seite des Messers. Zudem können solche Spannungen im Material später beim Härten zu Verzug führen.

Das gilt für alle spanabhebenden Verfahren, also auch fürs CNC-Fräsen, und genauso, wenn man manuell jeweils eine Seite des Messers komplett bearbeitet – egal ob an der Fräse oder am Bandschleifer.

Deshalb ist es grundsätzlich empfehlenswert, möglichst gleichmäßig auf beiden Seiten Material abzunehmen. Das bedeutet natürlich, dass zum Beispiel beim Fräsen häufig umgespannt werden muss.

# PROJEKT I: GEFEILTES INTEGRALMESSER

## 3.1 Arbeiten an Klingenfläche und Taschen

Bevor wir starten, legen wir die Schablone auf unseren Rohling und prüfen zur Sicherheit nochmal, ob unsere Schablone auch auf den Rohling passt. Zur Vorbereitung überschleifen wir den Rohling, damit wir die Risslinien besser erkennen können.

Wir messen die Dicke des Rohlings und reißen die Mittellinie mit Umschlag an (anreißen, Werkstück um 180 Grad drehen, nochmal anreißen). Unsere Klinge soll eine Stärke von 4,5 mm bekommen. Ausgehend von der Mittellinie reißen wir jeweils 2,25 mm rechts und links davon an. Zudem markieren wir das Ende der Klinge/den Beginn des Parierelements.

**Zuerst überschleifen wir den Rohling, um die Risslinien besser zu erkennen.**

**Die Dicke des Rohlings wird vermessen und die Mittellinie entsprechend angerissen. Ausgehend von der Mittellinie legen wir die Schneidendicke fest.**

Da wir diesen Rohling von Hand herausarbeiten wollen, beschränken wir uns zuerst darauf, das Ende der Klinge anzureißen. Man könnte natürlich sofort die ganze Kontur auf den Rohling übertragen. Meist aber verwischt oder verkratzt der Anriss, wenn man den Rohling einspannt und bearbeitet.

Zudem können sich auch im Lauf der weiteren Bearbeitung noch kleinere maßliche Änderungen ergeben, etwa indem die Klinge dicker oder dünner als geplant ausfällt. Das können wir dann später beim Anreißen des Griffs noch berücksichtigen.

Wir reißen das Klingenende rundum an. Mit
Hilfe der Schablone prüfen wir nochmal
die richtige Position.

## WAS MAN ÜBER FEILEN WISSEN SOLLTE

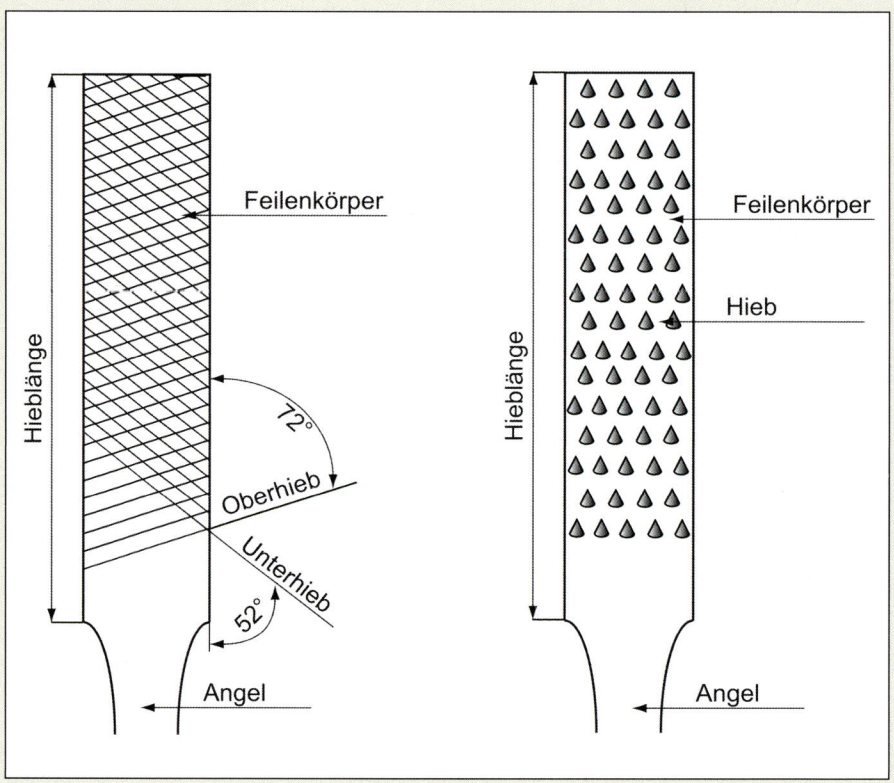

Feilen unterscheiden sich in der Größe, der Form des Feilenkörpers, im Hieb und der Form der eingebrachten Zähne. Raspeln haben, im Gegensatz zu Feilen, einzeln eingeschlagene Zähne. Werden die Zähne gehauen oder geschnitten (negativer Spanwinkel), wirken sie schabend. Gefräste Zähne (positiver Spanwinkel) wirken schneidend. Neben dem Profil der Zähne unterscheiden sich Feilen in der Anzahl und Verteilung der Zähne auf dem Feilenkörper.

Unter dem Hieb versteht man die Gesamtheit der Feilenzähne, die durch Hauen, Schneiden oder Fräsen in den Feilenkörper eingebracht wurden. Grundsätzlich gilt: Je härter der Werkstoff ist, einen desto feineren Hieb sollte man verwenden.

Für weicheres Material, auch weichere Metalle, verwendet man auch einhiebige Feilen, bei denen durch einen entsprechend großen Abstand zwischen den Zähnen sichergestellt ist, dass das Material nicht haften bleibt und die Feile zusetzt. Für härtere Materialien werden zweihiebige Feilen verwendet. Bei diesen wird der so genannte Unterhieb mit einer Neigung von etwa 50° eingebracht, der kreuzende Oberhieb mit einer Neigung von etwa 70°. Dabei bildet der Oberhieb die eigentliche Schneide, der kreuzende Unterhieb (meist tiefer und enger als der Oberhieb eingeschlagen) soll die Späne brechen. Durch die Neigung zueinander stehen die einzelnen Zähnchen versetzt hintereinander. So wird verhindert, dass im Werkstoff Riefen entstehen.

Die Hiebzahl bezeichnet die Anzahl der Einkerbungen pro Zentimeter, bei Raspeln die Anzahl der Zähne pro Quadratzentimeter. Die Hiebnummer dient zur Unterscheidung der Feilen. Übliche Feilen haben die Hiebnummern 00 oder 0 (Schruppfeilen für Holz und weiche Werkstoffe), Hieb 1 (gröbere Halbschlichtfeilen) bis zu Hieb 2, 3 und 4 (Schlichtfeilen). Sehr feine Präzisionsfeilen haben Hiebe bis zur Nummer 10.

Feilen gleicher Hiebnummer haben, je nach Länge, unterschiedliche Hiebzahlen. Die Anzahl der Hiebe pro Zentimeter beträgt etwa:

| Hiebnummer | Bezeichnung (Fachbezeichnung) | Hiebzahl |
|---|---|---|
| Hieb 0 | grob (doppelbastard) | 4,5 – 10 |
| Hieb 1 | mittelgroß (bastard) | 5,3 – 16 |
| Hieb 2 | mittelfein (halbschlicht) | 10 – 25 |
| Hieb 3 | halbfein (schlicht) | 14 – 35 |
| Hieb 4 | fein (doppelschlicht) | 25 – 50 |
| Hieb 5 | sehr fein (feinschlicht) | 40 – 71 |

Feilen gibt es in unterschiedlichen Querschnitten: Rechteckig, dreikantig, rund, rautenförmig, halbrund und mehr. Für Flächen verwendet man in der Regel Flach- oder Halbrundfeilen, für die Fingermulden an einem Messer Halbrundfeilen. Für die Arbeiten am Ricasso verwendet man am besten eine Feile, die auf einer Schmalseite keinen Hieb besitzt. So kann man an der Klinge arbeiten, ohne die Kante am Übergang zum Ricasso anzugreifen.

Nach der Arbeit sollten Feilen regelmäßig mit einer Feilenbürste gereinigt werden, um zu verhindern, dass sich der Abrieb zwischen den Feilenzähnen festsetzt. Sonst wirkt eine Feile bei den nächsten Arbeiten wie stumpf.

## 3.1.1 Fläche der Klinge und Übergangsradius

Zuerst geht es darum, möglichst viel Material abzunehmen. Eine Möglichkeit wäre, entlang des Anrisses zunächst Löcher zu bohren und diese dann an den Stegen mit der Laubsäge zu verbinden und das überflüssige Material so abzutrennen. Das Problem: Viele Löcher mit einem Durchmesser von etwa drei Millimetern müssen über die gesamte Breite des Rohlings, also 35 mm, präzise senkrecht gebohrt werden. Bohrt man schräg, bohrt man in die später herauszuarbeitende Klinge, und der Rohling ist verdorben.

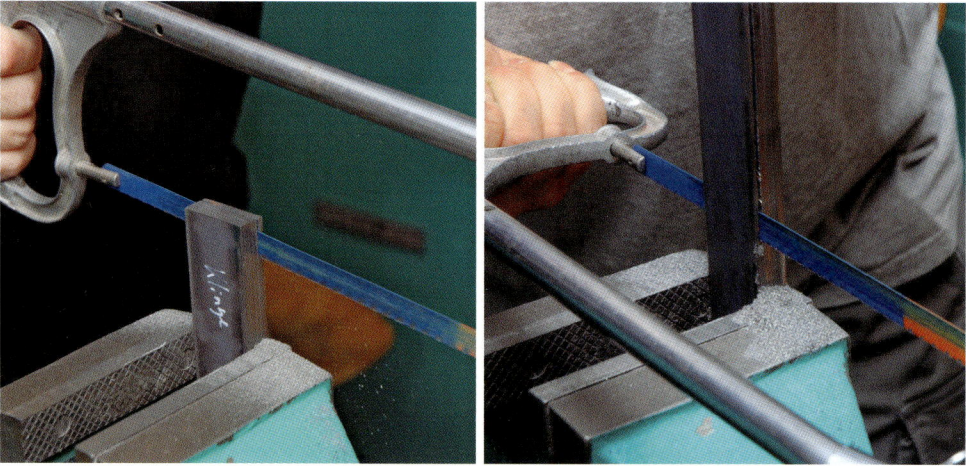

**Mit der Bügelsäge trennen wir mit etwas Abstand zum Anriss das überflüssige Material ab. Um tief sägen zu können, spannen wir das Sägeblatt um 90° um.**

Wir entscheiden uns für das Arbeiten mit der Bügelsäge. Parallel zum Anriss sägen wir das überflüssige Material ab. Dabei achten wir darauf, dass sich das Sägeblatt nicht verläuft und immer noch genug Abstand zum Anriss bleibt (rund 1,5 mm pro Seite). Auch zum Anriss des Klingenendes hin sägen wir nicht ganz bis zur Markierung, sondern lassen genügend Luft, um später den Übergangsradius sauber feilen zu können.

Um plan arbeiten zu können, überschleifen wir kurz die Spannbacken und spannen den Rohling so ein, dass der Anriss genau mit der Oberseite der Spannbacken übereinstimmt. Zur genauen Ausrichtung klopfen wir den Rohling mit einem kleinen Hammer in Position. Diese Vorgehensweise – die wahrscheinlich in keinem Lehrbuch steht – erspart es uns, Hilfsflächen anzulegen und freihändig mit Hilfe eines Haarlineals eine plane Fläche feilen zu müssen.

**Mit einem Querschnitt trennen wir das Material ab. Wir sägen nicht direkt am Anriss, sondern lassen genügend Luft, um später den Radius zum Griff sauber herausarbeiten zu können.**

**Eine Seite des Rohlings ist fertig gesägt.**

Die Spannbacken überschleifen wir kurz, um sicher zu gehen, dass beide zueinander parallel stehen. Mit einem Hämmerchen wird der Rohling im Schraubstock ausgerichtet. Der Riss liegt parallel zur Oberkante der Spannbacken an.

Stefan ist der Dumme, denn er muss nun lange feilen. Wir feilen kreuzweise, um die Planität der Fläche besser erkennen zu können.

Nun geht es ans Feilen. Durch kreuzweises Feilen kontrollieren wir dabei laufend, ob die Fläche plan ist. Wer noch nie gefeilt hat, sollte zuvor etwas üben. Alle anderen wissen nun, was auf sie zukommt. Besonders am Radius (Übergang Klinge zum Parierstück) müssen wir mit der Flachfeile vorsichtig arbeiten. Schnell sind Macken in den Radius gefeilt. Den Radius selbst feilen wir mit einer Rundfeile aus, Durchmesser etwa zehn Millimeter. Das ergibt automatisch unseren Übergangsradius. Die Spannbacken dienen als unterer Anschlag beim Arbeiten mit der Rundfeile. So stellen wir sicher, dass wir an dieser Stelle nicht zu tief feilen. Nach rund zwei bis drei Stunden Feilarbeit ist die Fläche fertig und gleichmäßig eben.

**Mit der Rundfeile bearbeiten wir den Übergang der Klinge zum Griff.**

**Die Fläche der späteren Klinge wird mit einem abgerundeten Schleifklotz und Schleifleinen (Körnung 180) sauber überschliffen.**

Nun schleifen wir mit 120er oder 180er Leinen und einem Schleifklotz die Fläche sauber. Für den Übergang verwenden wir einen entsprechend abgerundeten Schleifklotz. Wichtig bei dieser Arbeit ist eigentlich nur die Fläche, die später nach dem Anschliff noch übrig bleibt. Bei der Feinarbeit kann man sich auf diesen Bereich konzentrieren. Auch die Oberkante der Klinge sollte möglichst sauber gefertigt werden, da wir uns später beim Herausarbeiten der Klinge daran orientieren. Ist eine Seite fertig, wird die gegenüberliegende mit den gleichen Schritten fertiggestellt.

**Fertig geschliffen – Rohling und Werkzeuge.**

## 3.1.2 Herausarbeiten der Taschen

Nachdem wir die Griffkontur angerissen haben, feilen wir die Taschen heraus. Um symmetrisch zu arbeiten, reißen wir jeweils eine Seite an, spannen den Rohling entlang der Risslinien in den Schraubstock ein und übertragen die Linien auf die andere Seite. Mit dem Höhenreißer verlängern wir zuerst die Linie der Klinge bis zum Griffende.

Da wir den Erl nach hinten verjüngen wollen („tapered tang", wie es im Englischen heißt), reißen wir diese Höhenlinie nicht ganz bis hinten an, sondern senken diese im hinteren Bereich um 1,0 mm ab. Wenn wir den Rohling entlang dieser Risse leicht geneigt einspannen und feilen, ergibt sich daraus automatisch die gewünschte Verjüngung.

Da unser Messer am Griffende eine Schräge von 20° bekommen soll, erstellen wir jetzt zwei Hilfsflächen, um den Rohling später zum Feilen im richtigen Winkel hochkant einspannen zu können.

**Anhand der Schablone zeichnen wir die Kanten der Tasche an – die hintere Kante in einem Winkel von 20°.**

Der Rohling wird analog zur Arbeit an der Klingenfläche in den Schraubstock eingespannt und mit Hilfe eines kleinen Hammers korrekt ausgerichtet. Auch hier dienen unsere Schraubstockbacken als „Anschlag". Nun feilen wir die Taschen für die Griffschalen heraus. An den vorderen und hinteren Kanten lassen wir etwa einen Millimeter Material stehen. Fertiggestellt werden die Kanten erst im nächsten Arbeitsschritt.

Wir spannen den Rohling in den Schraubstock, um rundum parallel anreißen zu können. Mit Hilfe eines Anschlagwinkels richten wir den Rohling exakt im 90° Winkel zu den Spannbacken aus.

**Die Kanten der Taschen sind angerissen.**

Der Taschenboden wird angerissen. Im vorderen Bereich soll er auf einer Ebene mit der Klinge liegen. Den hinteren Bereich senken wir um 1,0 mm ab und reißen entsprechend an. Dadurch ergibt sich später eine verjüngte Angel.

Um später die hintere Schräge der Taschen auf beiden Seiten gleich hoch zu feilen, nutzen wir wieder unsere Schraubstockbacken als Anschlag. Dazu müssen wir allerdings im 90°-Winkel zur Schräge Hilfsflächen anbringen (Hilfsflächen schraffiert).

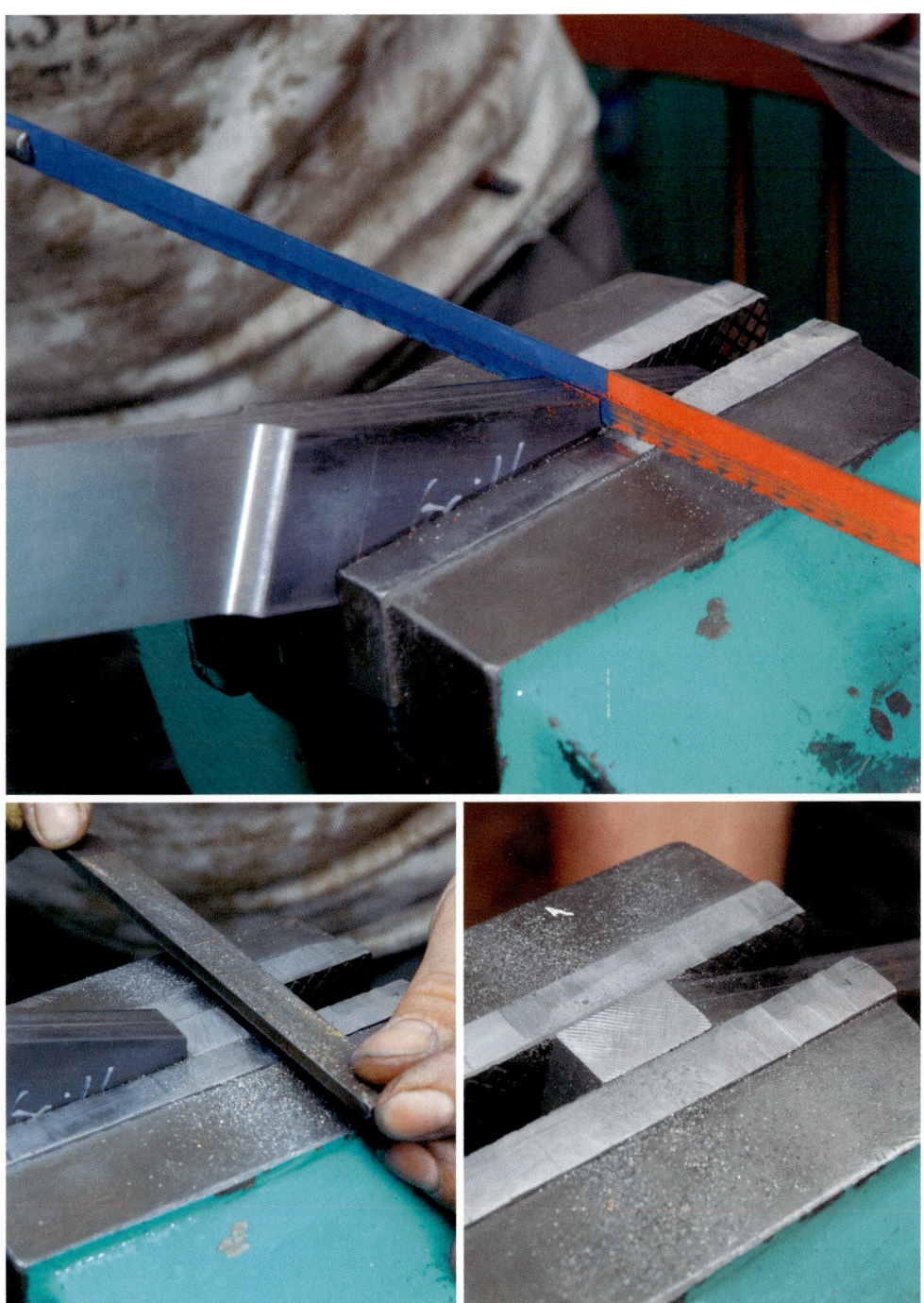

Die Hilfsflächen werden gesägt und gefeilt.

Dazu spannen wir den Rohling hochkant ein und feilen Vorder- und Hinterkante sauber fertig. Jetzt sieht man auch, wofür wir unsere Hilfsflächen angefertigt haben: Sie dienen als Anschlaghilfe für die hintere Kante. Der Rohling wird auf diese Weise exakt im 20°-Winkel eingespannt. Gefeilt wird wieder mit den Spannbacken als „Anschlag". Eingespannt wird entlang der angerissenen Kontur. Wir prüfen, dass der Rohling exakt senkrecht eingespannt ist. Mit einem kleinen Hämmerchen korrigieren wir wieder, wenn nötig. Beim Feilen ist darauf zu achten, die Winkel sauber einzuhalten.

**Der Rohling wird entlang der Risslinie im Schraubstock eingespannt und ausgerichtet.**

**Die Taschen werden bis zur Höhe der Schraubstockbacken gefeilt.**

Zu den vorderen und hinteren Kanten lassen wir etwas Material stehen. Diesen Bereich bearbeiten wir im nächsten Schritt hochkant.

Der Rohling wird an den Hilfsflächen eingespannt. Zur korrekten Ausrichtung verwenden wir einen Anschlagwinkel.

Wir feilen mit der unbehauenen Seite der Feile in Richtung Angel, um die Fläche nicht zu beschädigen.

Die Ecken werden mit einer feineren Feile vorsichtig fertiggestellt.

### 3.1.3 Anfertigen von Schutzeinlagen

An unserem Rohling wurden bislang die Klingenfläche und die Angel herausgearbeitet. Im nächsten Schritt bearbeiten wir die Außenkontur. Um bei den weiteren Arbeiten scharfkantige Übergänge zu erhalten und nicht die Kanten abzurunden, füllen wir die Grifftaschen mit Schutzeinlagen aus Aluminium aus. Das ist auch eine Übung für das spätere Herausarbeiten des Griffmaterials.

Der Winkel der Taschen wird übertragen.

Wir sägen entlang der eingezeichneten Linie. Beim Sägen halten wir etwas Abstand zu unserer Risslinie.

Die Abmessungen und der Winkel zur hinteren Kante werden übertragen und die Kontur mit Säge und Feile herausgearbeitet. Wir passen beide Schalen Schritt für Schritt möglichst genau ein und verschrauben die Backen. Zur Sicherheit überprüfen wir vor dem Verbohren und Verschrauben der Backen nochmal die Kontur – die gebohrten Löcher sollen später vom Griffmaterial verdeckt werden.

**Wir spannen um, verwenden wieder die Spannbacken als Anschlag und feilen die vorher gesägte Kante bis zum Anriss plan.**

**Zwischenergebnis – Schutzeinlagen.**

**Testweise montieren wir Rohling und Schutzeinlagen.**

Durch die Schutzeinlagen und den Rohling wird ein Durchgangsloch gebohrt. In die Schutzeinlagen bohren wir ein Gewinde und senken eine Seite mit dem Kegelsenker an. Nach der Montage kürzen wir die überstehenden Schrauben und feilen die Fläche plan.

Kern- und Durchgangslöcher werden passend zu den Schrauben gebohrt. In unserem Fall ein 4,0-mm-Durchgangsloch durch eine Schutzeinlage und die Angel. In die gegenüberliegende Einlage bohren wir je ein 3,3-mm-Kernloch für das M4-Gewinde.

Wir skizzieren grob die Außenkontur auf dem Rohling und den Schutzeinlagen. Die Position der Bohrungen für die Verschraubung der Einlagen wird eingezeichnet.

Die Senkung für den Schraubenkopf wurde bereits ausgeführt (Kegelsenker). Durch die Durchgangslöcher bohren wir die Gewinde in die gegenüberliegende Schutzeinlage.

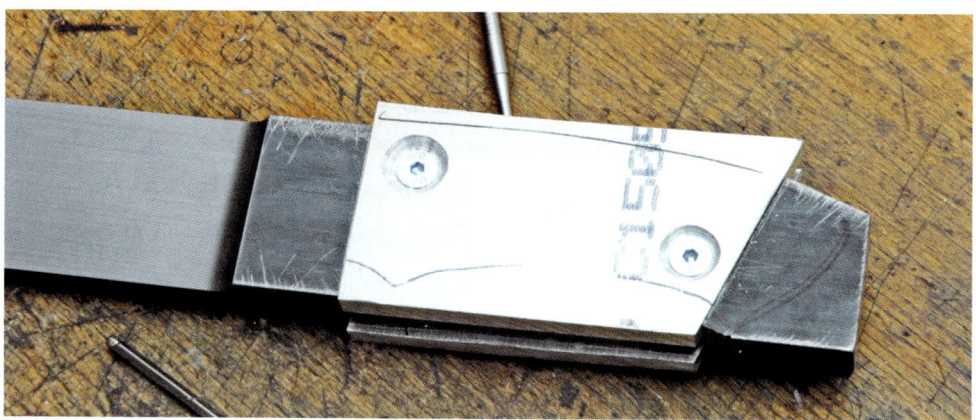

Die Schutzeinlagen sind zueinander verschraubt.

Die überstehenden Schrauben werden gekürzt und die Einlagen überschliffen.

## 3.2 Herausarbeiten der Außenkontur

Nachdem alles komplett montiert ist, reißen wir die Kontur der Schablone auf unserem Rohling an. Der Rohling wird dann mit montierten Schutzeinlagen in den Schraubstock eingespannt. Mit der Bügelsäge entfernen wir grob das überschüssige Material. Danach arbeiten wir mit der Feile die Kontur der Griffoberseite heraus.

Die Messerkontur wird auf dem Rohling angezeichnet.

**Mit einer Bügelsäge sägen wir grob entlang der vorgezeichneten Kontur.**

**Die Oberseite wird mit einer Feile grob vorgearbeitet.**

**Wir arbeiten umso feiner, je näher wir an die Konturlinie kommen.**

**An der Griffunterseite bohren wir entlang der Anzeichnung vor.**

Da an der Unterseite unseres Messers recht viel Material abzutragen ist, bohren wir entlang unserer Konturlinie. Das spart Zeit. Mit der Laubsäge trennen wir die Stege zwischen den Bohrungen heraus. Nun geht es wieder weiter mit der Feile. Die Fingermulden arbeiten wir mit der Rundfeile heraus.

**Mit der Laubsäge werden die Stege durchgetrennt.**

**Für die Griff-
unterseite
verwenden
wir eine Halb-
rundfeile.**

**Die Messerkontur wurde rundum fertig gefeilt. Für die vordere Griffmulde verwendeten
wir eine zum Radius passende Halbrundfeile.**

## 3.3 Herausarbeiten der Schneide

Wir reißen mit Umschlag die Mitte der Klingenunterseite an. So sieht man sofort, ob man die Mitte getroffen hat. Wir arbeiten später auf beiden Seiten der Klinge exakt symmetrisch. Um die Risslinie besser sehen zu können, ist es hilfreich, vorher die Schnittkante quer zur Risslinie anzuschleifen. Alternativ kann man Anreißlack verwenden.

Um das Ricasso gerade und auf beiden Seiten symmetrisch zu bekommen, spannen wir den Rohling im gewünschten Winkel in den Schraubstock und zeichnen die Kante am Ricasso auf beiden Seiten an. Nun wird die Klinge auf beiden Seiten gefeilt. Als Orientierungspunkte dienen uns die Oberkante der Klinge und die angezeichnete Schneidenlinie.

**Die Mittellinie wird im Umschlag angerissen.**

**Um das Ricasso auf beiden Seiten symmetrisch zu zeichnen, spannen wir den Rohling im gewünschten Winkel in den Schraubstock und zeichnen beidseitig an.**

Mit der Feile beginnen wir, den Anschliff herauszuarbeiten. Als Orientierungspunkte dienen uns das Ricasso, die Schneidenmitte und die Oberkante der Klinge. Dabei muss man darauf achten, eine saubere Oberkante stehen zu lassen.

Am Ricasso arbeiten wir uns vorsichtig mit einer Mühlensägefeile (mit Radius an den Außenkanten) und verschiedenen Rundfeilen an die gewünschte Kante heran.

Am Ricasso arbeiten wir vorsichtig und lassen etwas Material stehen. Den Übergang von der Klingenfläche zum Ricasso arbeiten wir per Rundfeile heraus. Mit Schleifpapier (bis Körnung 240) arbeiten wir nach. Für das Feinschleifen am Ricasso verwenden wir einen Schleifklotz, den wir mit einem zum Ricasso passenden Radius vorgefertigt haben.

**Nach den Feilarbeiten überschleifen wir die Klinge schrittweise von P180 bis P400 mit einem harten Schleifklotz.**

## 3.4 Herausarbeiten der Fangriemenöse

Das Griffende wird mit Anreißlack bestrichen. Zuerst reißen wir die Schrägen an. Die Konturen verlaufen parallel zur Außenkante des Griffs. Danach wird die Form der Fangriemenöse mit der Anreißnadel von der Schablone auf den Rohling übertragen. Im nächsten Schritt bohren wir mehrere Löcher innerhalb der Kontur vor. Um exakt senkrecht zu bohren, wird unser Rohling mit passenden Unterlagen plan aufgelegt. Mit der Laubsäge trennen wir die Stege durch. Danach arbeiten wir mit der Rundfeile die Kontur heraus. Um die Kanten sauber zu erhalten und nicht schräg zu feilen, verwenden wir die Spannbacken am Schraubstock als Anschlag und spannen unseren Rohling jeweils entsprechend ein.

**Das Griffende wird mit Anreißlack bestrichen.**

**Die Maße der Fangriemenöse übertragen wir von der Schablone. Die Konturen sollten dabei parallel zum Griff laufen.**

Wir bohren vor und trennen die Stege mit der Laubsäge durch.

Die Innenkontur der Fangriemenöse wird gefeilt.

## 3.5 Herausarbeiten der Griffkontur

Wir beginnen mit dem Anzeichnen der Mittellinie auf der Oberseite unseres Rohlings. Mit Hilfe einer Schablone werden danach rechts und links von der Mittellinie die Konturen des Griffs eingezeichnet. Für die Markierung der gewünschten Radien verwenden wir ein Kurvenlineal. Dabei achten wir auf Symmetrie entlang der Mittellinie.

Der Rohling wird umgespannt. Mit einer Feile arbeiten wir die seitlichen Flächen des Griffs entsprechend unserer Markierungen heraus.

**Wir zeichnen die Mittellinie und die Außenkontur des Griffs an.**

**Mit der Schruppfeile feilen wir die angezeichnete Kontur heraus.**

**Für das Feilen der vorderen und hinteren Schrägen am Griff spannen wir den Rohling entsprechend um. Die eingezeichneten Konturlinien dienen als Anschlagshilfe.**

**Mit einer feineren Feile überarbeiten wir den Griff.**

Als nächsten Schritt feilen wir eine Facette im Bereich der Backen. Dazu spannen wir die Klinge wieder um. Seitlich am Griff markieren wir die Linie, an der unsere Facette beginnen soll. Auf der Griffoberseite zeichnen wir die gewünschte Tiefe ein. Mit der Feile arbeiten wir die Facette heraus. Auch hier ist darauf zu achten, exakt an den angezeichneten Kanten entlang zu arbeiten.

Wir zeichnen eine Facette an. Dies dient uns als Hilfsfläche, um später eine gleichmäßige Abrundung zu feilen.

**Wir feilen entlang der eingezeichneten Linien die Facette heraus.**

Mit der Halbrundfeile werden danach Abrundungen an den Griffmulden gefeilt. Am Griffende brechen wir die Kanten und nehmen auch hier Material entsprechend der eingezeichneten Konturen ab. Beim Arbeiten mit der Feile ist es hilfreich, immer Stück für Stück auf beiden Seiten vorzugehen und zwischendurch immer wieder die Symmetrie zu überprüfen.

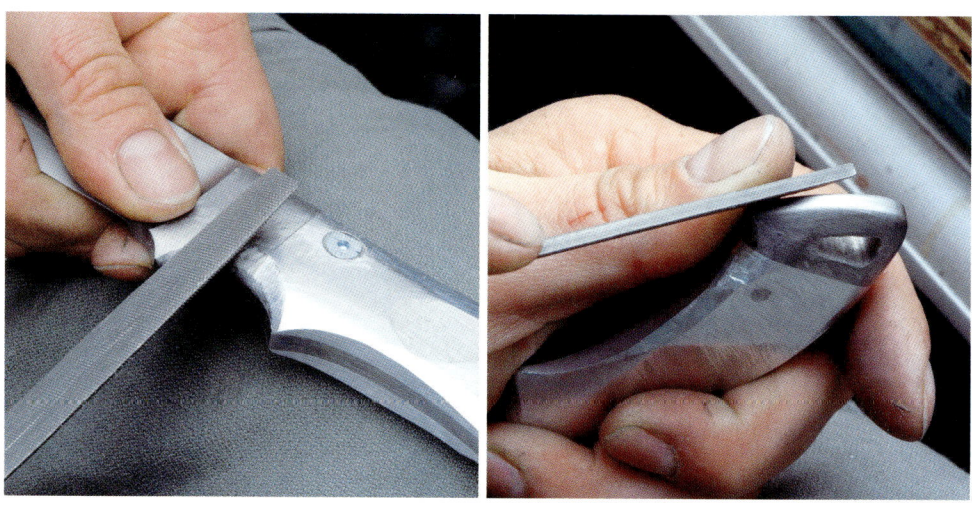

**Freihand verziehen wir die Flächen zu gleichmäßigen Abrundungen.**

**Die Kanten am Griffende werden mit Feilen gerundet.**

Nachdem wir die Konturen herausgearbeitet haben, runden wir den Griff mit der Feile sauber ab. Mit Schleifpapier und Schleifklötzen (nach Bedarf an die gewünschten Radien angepasst) schleifen wir den Griff fertig. Wir arbeiten in den Schritten P240/400/600/800 und schleifen wechselseitig, um die Rautiefe zu überprüfen. Erst wenn mit einer Körnung sauber und flächig geschliffen wurde, gehen wir zur nächst feineren Körnung über.

Für das Feinschleifen der Klinge verwenden wir wechselseitig Papier der Körnung P400, als letzten Schritt P600. Das Schleifen des Klingenrückens nicht vergessen! Jetzt ist der Rohling fertig für die Härterei vorbereitet.

**Mit einem harten Schleifklotz überschleifen wir die gefeilten Flächen mit Körnung P240.**

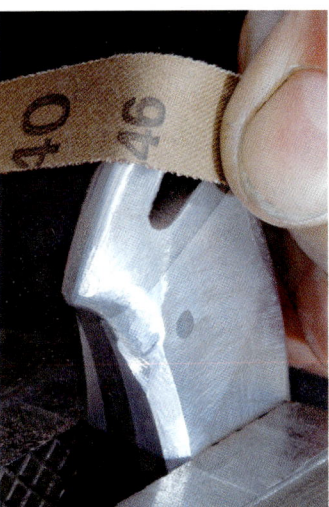

**Für die Abrundungen verwenden wir Schleifleinen. Bei engeren Radien ist Schleifpapier weniger geeignet.**

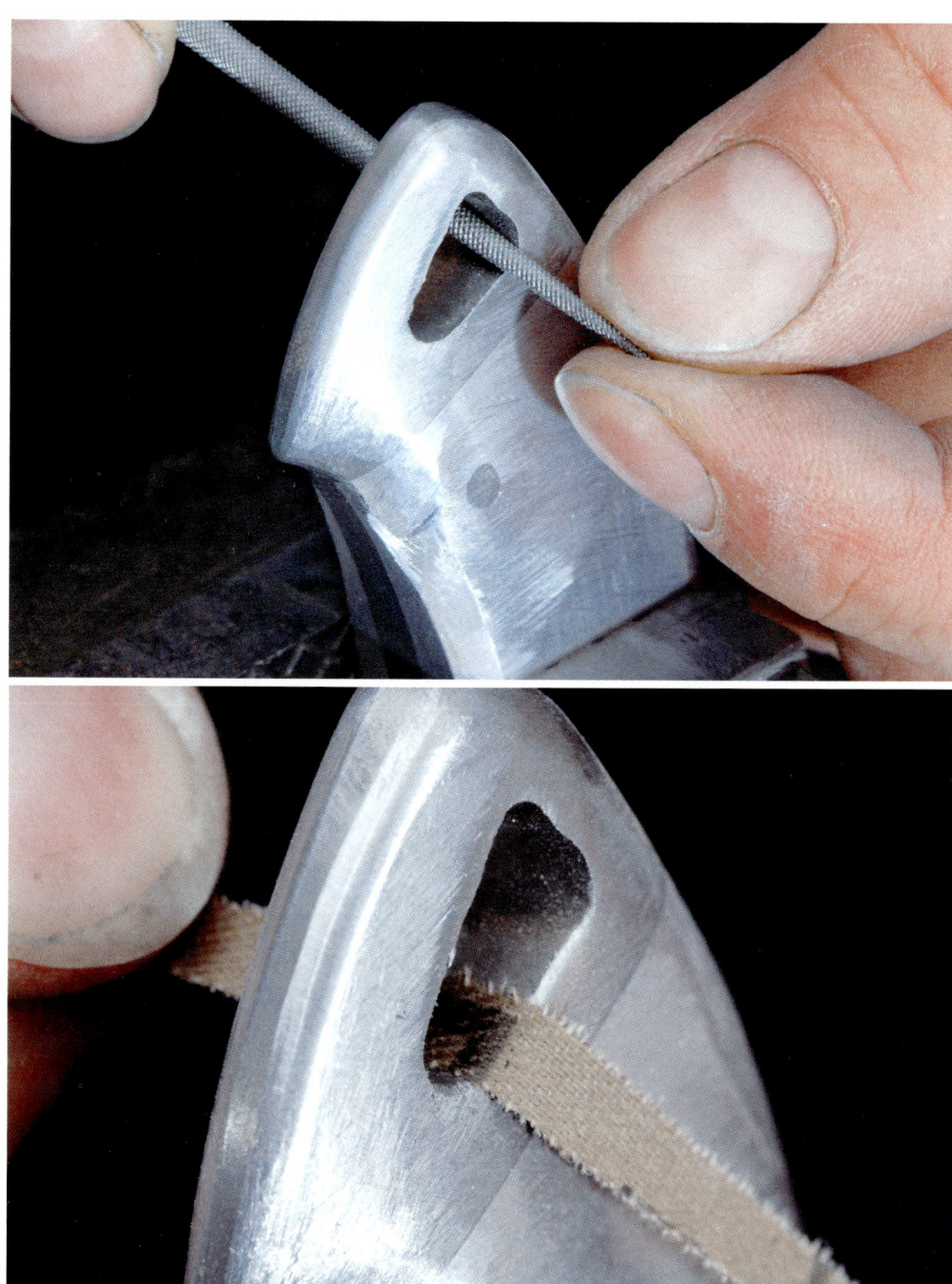

Da das Griffende jetzt fertig gerundet ist, können wir auch die Kanten der Riemenöse zunächst mit der Feile, anschließend mit Schleifleinen abrunden.

## 3.6 Nach dem Härten

Unsere Klinge ist zurück von der Härterei und wird auf Verzug geprüft. Für Verzug gibt es verschiedene Ursachen:

- Vorhandene Spannungen im Stahl durch Walzen/Formen.
- Spannungen, die durch die Zerspanung frei werden.
- Spannungen, die durch den Wärmeeintrag während der Zerspanung entstehen.
- Fehler in der Härterei. Die Klinge wurde ungleichmäßig erwärmt oder falsch positioniert. Auch durch starkes Nachhitzen von benachbartem Material kann Verzug entstehen.

Ein Vakuum-Härteofen in einer Auftragshärterei.

**Eine Klinge wird nach dem Anlassen auf Härte geprüft.**

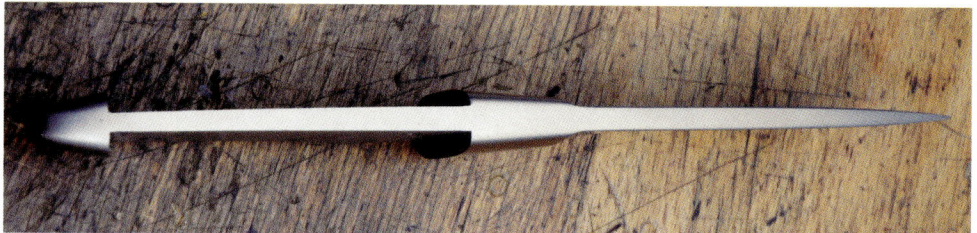

**Vor weiteren Arbeitsschritten prüfen wir unseren Rohling auf Verzug.**

Verzogene Klingen können wieder gerichtet werden durch:
• einen Prozess aus Glühen, Richten, Härten
• Flammrichten
• Glühen, „Paketieren"

Unser gefeilter Rohling kam glücklicherweise ohne Verzug aus der Härterei zurück. Peinlicherweise hatten wir vergessen, die Durchgangslöcher für die Griffbefestigung zu bohren. Das holen wir jetzt mit einem 4,0-mm-Vollhartmetallbohrer nach. Wir bohren vorsichtig und kühlen ausreichend!

**Wir zeichnen für zwei Griffschrauben mittig an. Mit einem 4,0-mm-Hartmetallbohrer bohren wir Durchgangslöcher. Danach entgraten wir sie mit einer Diamantfeile.**

**Die Umrisse der Griffeinlagen werden auf das Holz übertragen.**

Im nächsten Schritt zeichnen wir den Umriss der Griffeinlagen auf die Holzschalen. Zuerst wird dazu der Winkel der Taschen auf dem Material angezeichnet, die Schutzeinlagen an die Linie angelegt und die Kontur übertragen.

Mit der Bügelsäge trennen wir das Griffmaterial entlang des angezeichneten Winkels. Damit wir bei der weiteren Bearbeitung den Winkel sauber einhalten, spannen wir unsere Griffschalen im gewünschten Winkel in den Schraubstock ein. So haben wir wieder einen begrenzenden Anschlag.

Mit der Bügelsäge schneiden wir die Griffschalen grob zurecht.

Die Griffschalen werden im Schraubstock entlang des eingezeichneten Winkels eingespannt. Mit der Feile arbeiten wir die Fläche fertig.

Schrittweise arbeiten wir mit Feile und Schleifpapier die vorderen und hinteren Kanten der Griffschalen heraus. Wir überprüfen regelmäßig den festen Sitz der Schalen in ihren Taschen. Hier zeigt sich der Vorteil, Taschen nicht mit 90°-Kanten zu fertigen: Das Griffmaterial wird von der Schräge in die Schalen geklemmt. Kleine Fehler lassen sich korrigieren: Hat man etwas zu viel Material abgetragen, rutscht die Griffschale tiefer in die Tasche, fällt aber nicht nach unten heraus.

Wir arbeiten die Schalen passend und schleifen bis P180/P240 fein. Auf einer geeigneten Unterlage schleifen wir auch die Unterseite plan. Dabei prüfen wir immer wieder die Passung zu den Taschen.

Wir überschleifen die gefeilten Flächen.

Nach jedem Arbeitsschritt überprüfen wir den Sitz der Griffschalen.

**Auf einer ebenen Unterlage planen wir auch die Unterseite der Griffschalen.**

**Wir überprüfen nochmals die Passung der Schalen.**

Sind die Schalen passend geschliffen, wird eine Schale mit Epoxydharzkleber verklebt. Wir pressen dabei die Schale fest an und achten darauf, dass sie überall flächig anliegt. Mit einer Lupe wird die Passung kontrolliert. Eine Zwinge sorgt für konstant hohen Druck.

Durch die bereits gebohrten Löcher für unsere Griffschrauben im Messer bohren wir nun 4,0-mm-Befestigungsbohrungen durch die Griffschale. Die Schale auf der anderen Seite wird entsprechend angefertigt und verklebt. Nun bohren wir komplett durch beide Schalen und senken mit dem Zapfensenker im zu den Nieten passenden Durchmesser – hier 6,0 mm – nach.

**Die Schale wird verklebt und mit Schraubzwingen fixiert.**

**Durch die Löcher in der Angel bohren wir mit 4,0 mm durch das Holz.**

**Die Schale auf der Gegenseite wird verklebt.** **Wir bohren nun komplett durch.**

**Mit einem 6,0-mm-Zapfensenker senken wir die Vertiefungen für unsere Griffschrauben.**

Die Länge der Schraubnieten wird überprüft, bei Bedarf werden die Nieten gekürzt. Zum Verschrauben sägen wir eine Nut. Nun werden die Griffschrauben montiert und die Schalen so fixiert. Im nächsten Arbeitsschritt feilen wir die Griffe in Form. Wir arbeiten dabei nicht bis auf den Stahl, sondern lassen etwas Material – etwa 0,1 bis 0,2 mm – stehen. Feingearbeitet wird im nächsten Schritt.

**Die Länge der Griffschrauben wird kontrolliert und in einer Hilfsvorrichtung gegebenenfalls angepasst.**

Mit der Bügelsäge sägen wir einen Schlitz für den Schraubenzieher.

Wir sichern die Schrauben mit Schraubensicherungslack und drehen diese fest.

Mit der Schruppfeile bringen wir die Griffschalen in Form. Wir arbeiten nicht bis auf den Stahl, sondern lassen etwas Material stehen, um bei der späteren Feinarbeit saubere Übergänge zu erhalten.

Wir runden das Profil feiner nach. Auch hier arbeiten wir nicht bis auf den Stahl.

## 3.7 Finish

Mit feinen Feilen und Schleifpapier werden die Schalen in Form gebracht. Dabei arbeiten wir uns vorsichtig an die Übergänge zwischen Schalen und Taschen heran. Die Stahlflächen zwischen den Schalen sind zwar gehärtet, trotzdem sollte man nicht mit zu grobem Schleifpapier über die Flächen gehen. Wir schleifen die Schalen in den ersten Schritten bis P240, noch nicht bis auf Höhe der Stege. Dabei würde man Gefahr laufen, dass das Griffmaterial schneller verschliffen wird als der Stahl und die Übergänge zwischen Schalen und Messer unsauber werden. Erst beim Feinschleifen mit P400 und P600 arbeiten wir bis auf den Stahl herunter.

Auch beim Überschleifen der Griffschrauben muss man darauf achten, nicht das umgebende Material zu weit abzutragen. Deshalb verwenden wir in diesem Schritt harte Schleifunterlagen. Den Griff schleifen wir vorsichtig bis Körnung 1200 und ziehen in diesem Arbeitsgang Parier- und Endstück gleichmäßig ab. Da die Flächen meist etwas uneben sind, ist es sinnvoll, für den letzten Zierschliff das Schleifpapier auf eine etwas weichere Gummiun-

**Wir feilen die Kontur weiter. Dabei achten wir darauf, nicht bis auf Höhe des Stahls herunterzuarbeiten.**

terlage zu spannen. Allerdings nur für die Metallflächen. Übergänge und die weichen Griffschalen würden sich zu schnell herunter schleifen lassen, die Übergänge würden unsauber.

Der Griff wird mit einem Lappen umwickelt und in unsere Halterung gespannt. Mit 800er Schleifpapier satinieren wir nur die Klinge. Dabei verwenden wir immer frisches Schleifpapier und ziehen immer nur in eine Richtung, ohne abzusetzen. Ein gutes Finish anzubringen, ist nicht einfach, und jeder Messermacher hat seine „Mittelchen". Unser Messer wird mit 800er Schleifpapier gefinisht. Zuletzt wird mit feinem Papier (gebrauchtes 800er) und Diamantpaste gearbeitet.

Man kann auch mit P400 sauber schleifen und dann ein paar Mal mit P1200 überschleifen. Das allerdings recht vorsichtig, sonst ergeben sich glänzende Stellen. Oder man schleift konsequent hoch bis P1200 und lässt es dabei. Auch die Wahl der Schleifunterlage kann wichtig sein. Für die letzten Züge verwenden wir eine dünn gummierte Unterlage (Fahrradschlauch). Auch dabei muss man allerdings darauf achten, die Kanten nicht rund zu schleifen.

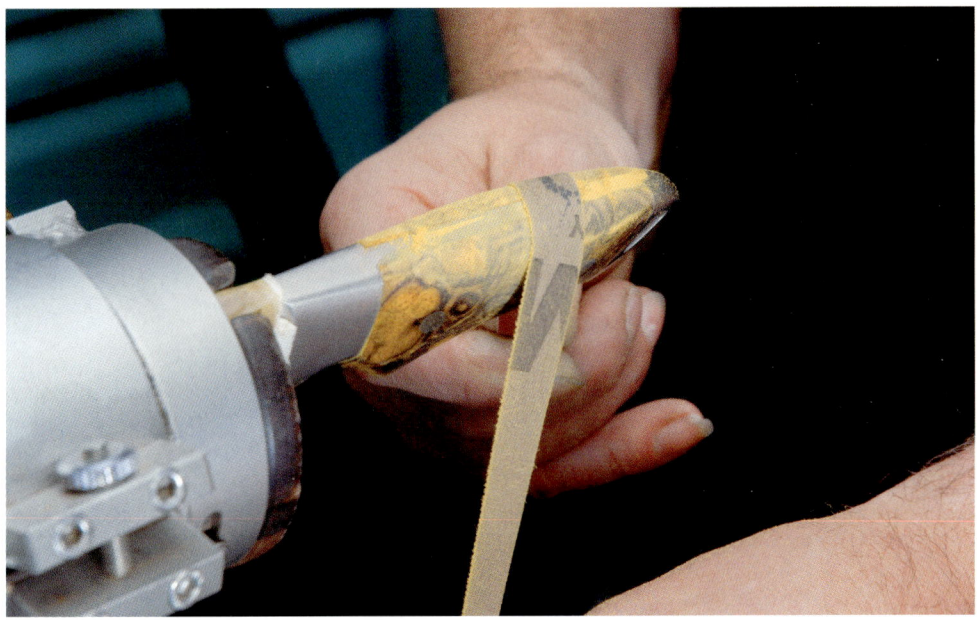

**Mit Schleifleinen runden wir den Griff.**

Mit Schleifpapier P400 bis P600 auf einer harten Unterlage schleifen wir bis auf den Stahl herunter. Danach wird bis P1200 feingeschliffen.

Die Klinge wird mit 800er Schleifpapier in gleichmäßigen Zügen satiniert.

Im letzten Arbeitsschritt verwenden wir eine weiche Schleifunterlage, damit sich das Schleifpapier vollflächig anlegt. So ergibt sich eine gleichmäßigere Oberfläche. Auch hier achten wir darauf, Übergänge und Kanten zu erhalten und nicht rundzuschleifen.

Die Radien am Ricasso und am Anschliff schleifen wir, in dem wir mit der Kante des Schleifklotzes in die Klinge eintauchen.

**Um ein Logo aufzubringen, verwenden wir ein elektrochemisches Ätzverfahren.**

Bei Monostahl (in unserem Fall RWL-34) passt eine Gravur gut zur Struktur, oder – wie hier – ein geätztes Logo. Dazu benötigen wir eine Gleich-Wechselspannungsquelle. Zuerst arbeiten wir mit Gleichspannung (etwa 12-18 Volt und 2-4 Ampére) und legen den Pluspol an das Ende des Messers. Dabei achten wir auf guten Kontakt, um Einbrennstellen zu vermeiden. Der Minuspol wird an ein Graphitklötzchen mit einer Filzauflage angelegt. Der Filz wird mit einem speziellem Elektrolyt befeuchtet. Die Ätzfolie (die man sich extra anfertigen lassen muss) wird an der gewünschten Stelle auf der Klinge fixiert. Nun drückt man das Klötzchen auf die Folie – nicht zu lange, um einen zu hohen Wärmeeintrag zu vermeiden. Nachdem man das Klötzchen ein paar Mal angedrückt hat, ergibt sich ein recht tiefer Abdruck. Um im Logo mehr Kontrast zu erreichen, schaltet man die Stromquelle auf Wechselspannung um, und drückt nochmals kurz an.

Die Schablone wird aufgelegt und unter Spannung ein Stempel mit Elektrolytflüssigkeit aufgedrückt.

Das Logo direkt nach dem Ätzen. Man erkennt die unscharfe Aura.

Die Klinge wird nochmals mit 800er Papier und Diamantpaste satiniert. Jetzt tritt das Logo sauber abgegrenzt hervor.

Vor dem Schärfen wird der Griff nochmals gepflegt. Für das verwendete Wüsteneisenholz sind hauptsächlich Wachsprodukte empfehlenswert, um ein Nachdunkeln möglichst zu vermeiden. Im letzten Arbeitsschritt schärfen wir die Schneide mit einem Diamantschärfer.

Als letzten Schritt schärfen wir die Klinge mit einer Diamantfeile.

Unser fertiges Feilprojekt – ein klassisches Jagdmesser.

# PROJEKT II: GEFRÄSTES INTEGRALMESSER

## 4.1 Fräsen der Klingenfläche

Analog zum Feilprojekt reißen wir die Mittellinie des Messers mit Umschlag an und arbeiten zuerst an der Klinge. Wer eine Fräsmaschine besitzt, beziehungsweise eine benutzen kann, weiß in der Regel auch, wie er diese Aufgabe lösen wird. Wir haben uns für das Arbeiten mit einem Walzenstirnfräser mit runden Hartmetall-Schneidplatten entschieden. Damit kann man in einem Schritt auch den Übergangsradius von der Klinge zum Griff herausarbeiten.

Der Rohling wird mit Spanneisen auf dem Werktisch aufgespannt. Hinten wird eine Anschlagsfläche befestigt, die uns später beim Ausrichten für das Fräsen der anderen Seite hilft.

Die Unterseite wurde schon fertig gefräst. Um ein Flattern zu vermeiden, wurde an der Klingenspitze passendes Unterlegmaterial mit eingespannt.

**Der eingespannte Rohling beim zweiten Überfräsen.**

Eine Seite wird nun abgefräst. Das Maß für den Übergangsradius merken wir uns, wir stellen die Anzeige auf Null, ebenso die Tiefenzustellung. Beides wird später für das Fräsen der gegenüberliegenden Seite benötigt. An der Klingenspitze muss man nochmals umspannen. Oder man lässt eine Fläche zum Spannen stehen und arbeitet die Klingenspitze separat heraus. Beim Fräsen der gegenüberliegenden Seite spannen wir den Rohling mit passenden Unterlagen unter der schon gefrästen Fläche ein.

Unseren Damaststahl-Rohling haben wir nach der Bearbeitung angeätzt, um das Muster vorab erkennen zu können.

## 4.2 Fräsen der Taschen

Unsere Tasche wird mit einem Radius versehen, der später noch eine Schwalbenschwanz-Einpassung bekommt. Das Griffmaterial muss deshalb nur eingepasst und verklebt werden. Ohne es zu verdrehen kann es nicht mehr aus der Tasche fallen. Wir werden bei unserem Messer die Schalen zusätzlich mit einen Passstift sichern.

Wir reißen die Kontur der Taschen auf den Seiten unseres Rohlings an und markieren die Tiefe. Für den geplanten Radius mit Schwalbenschwanzpas-

**Anhand unserer Schablone legen wir die Mitte der Taschen fest und körnen an.**

sung ermitteln wir den Mittelpunkt und bohren/reiben uns eine Aufspannhilfe. Das Loch muss natürlich innerhalb der Griffkontur liegen.

Die Angel unseres Messers soll sich nach hinten verjüngen (tapered tang).
Um die Taschen passend anzufertigen, wird der Rohling schräg eingespannt.
Die hintere Seite des Rohlings heben wir mit einer Unterlage (zirka 0,6 mm
Dicke) ein wenig an, sichern mit einem Passstift durch unsere Aufspannhilfe
und spannen den Rohling ein.

**Zum späteren Ausrichten auf dem Rundtisch bohren und reiben wir eine Zentrierbohrung.**

**Um die Anrisse besser sehen zu können, wird der Rohling mit Anreißlack bestrichen.**

Mit dem Höhenreißer nehmen wir das Maß von der Klinge ab und markieren entsprechend im vorderen Bereich des Griffs die Dicke der Angel.

Mit Hilfe der Schablone stellen wir den gewünschten Radius der Taschen ein und übertragen ihn auf den Rohling.

Der Rohling wird im hinteren Bereich mit Hilfe einer Unterlage in der gewünschten Schräge für den verjüngten Erl auf dem Rundtisch fixiert.

**Wir fräsen bis knapp an die angezeichnete Tiefe sowie den Radius heran.**

**Die Mitte der Taschen wird gefräst.**

**Mit dem Schwalbenschwanzfräser fräsen wir die Innenkontur der Tasche fertig.**

Zunächst fräsen wir mit einem Wendeplattenfräser bis knapp an unsere gewünschte Kontur heran. Die Koordinaten merken wir uns für die gegenüberliegende Seite. Dann fräsen wir mit einem 15°-Schwalbenschwanzfräser die Kanten der Tasche fertig. Auch hier notieren wir uns das Maß.

**Eine Tasche ist fertig gefräst.**

**Bevor wir den Rohling
umspannen, entfernen wir Grate
und Unebenheiten.**

Ist eine Seite fertig, schleifen wir die Flächen plan. Nun umspannen und analog die zweite Tasche fräsen.

**Analog arbeiten wir die zweite Tasche heraus.**

**Wir prüfen abschließend die Symmetrie der Taschen.**

## 4.3 Anfertigen von Schutzeinlagen

Um beim weiteren Arbeiten unsere sauberen Kanten nicht zu beeinträchtigen, fertigen wir – auch auf dem Rundtisch – Einlagen aus Aluminium an. Diese können wir in die Taschen eindrehen. Man erhält so einen Eindruck davon, wie gut die Schwalbenschwanzpassung das Griffmaterial halten wird.

Den Radius der Taschen übertragen wir auf Karton und fertigen uns eine Anreißschablone für die Schutzeinlagen an. Die Konturen werden von der Schablone auf ein Aluminiumblech übertragen und an der Fräsmaschine herausgearbeitet. Als Schutz und für eine bessere Planlage spannen wir die Schalen auf eine Unterlage.

**Mit dem Zirkel entnehmen wir grob den Radius der Taschen. Diesen übertragen wir auf eine Kartonschablone und kontrollieren den Sitz.**

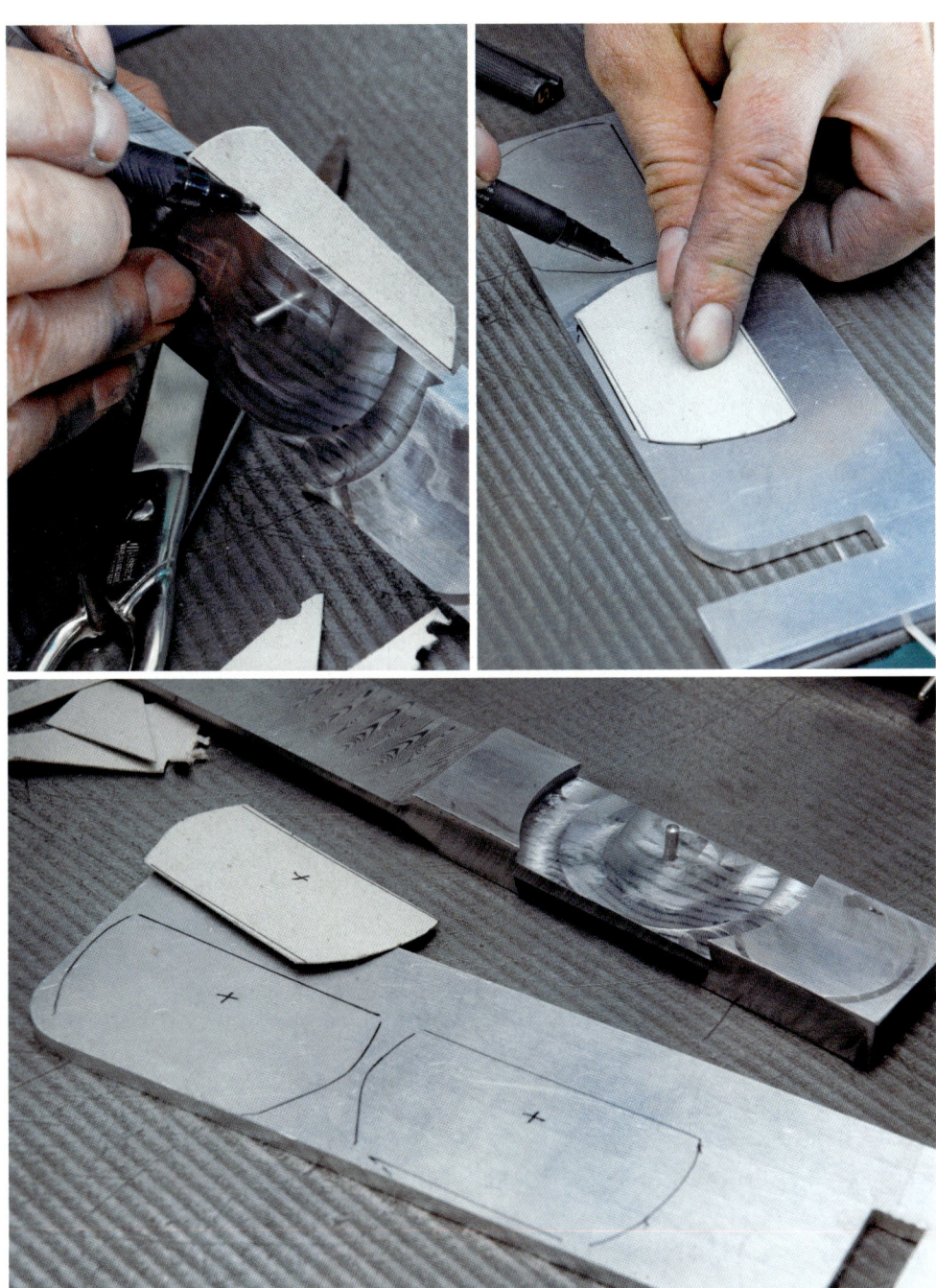

Wir zeichnen die Kante des Rohlings auf der Schablone an und schneiden diese zurecht.
Die Schablone übertragen wir auf ein geeignetes Füllmaterial (Alublech, Messing).

**Mit schräg gestelltem Kopf (15°) fräsen wir den Radius der Schutzeinlage. Das Alublech wurde auf einer Schutzunterlage aufgespannt und mit einem Passstift, analog zur Arbeit am Rohling, fixiert.**

Die Passung der Schutzeinlagen wird kontrolliert. Bei exakter Passung können sich die Einlagen nur durch Verdrehen aus den Taschen lösen. Deswegen verzichten wir auf eine Verschraubung und sichern die Schutzeinlagen mit Sekundenkleber, den wir auf beiden Seiten in den Spalt zwischen Einlagen und Rohling einfließen lassen.

Nach der Montage und Sicherung bestreichen wir den Rohling mit Anreißlack und reißen die Kontur unserer Schablone auf dem Rohling an.

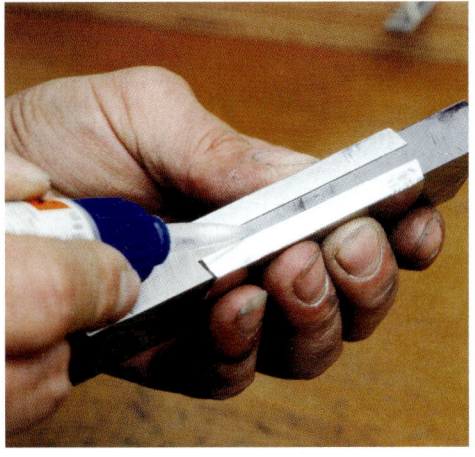

Wir prüfen die Passung der Einlagen.

Die Schutzeinlagen werden nur mit Sekundenkleber fixiert.

Der Rohling wird mit Anreißlack bestrichen und die Kontur der Schablone mit einer Reißnadel übertragen.

## 4.4 Herausarbeiten der Außenkontur

Mit dem Trennschleifer nehmen wir überschüssiges Material ab. Weiter geht es am Bandschleifer, mit dem wir die Kontur herausarbeiten. Wir verwenden ein Band mit Körnung 40. An der Oberseite des Rohlings und im Bereich der Klinge ist relativ wenig Material abzunehmen, so dass wir ausschließlich mit dem Bandschleifer arbeiten. Die Kanten, aus denen in späteren Arbeitsschritten die für Stefan Steigerwald typischen „Schuppen" herausgearbeitet werden sollen, werden angezeichnet. Wir achten darauf, die Kanten möglichst zu erhalten und nicht rund zu machen. Später werden wir mit der Feile und der Fräsmaschine weiter an den Schuppen arbeiten.

Mit dem Trennschleifer arbeiten wir grob die Messerkontur vor. So sparen wir Zeit und Schleifbänder.

Der Status nach dem Vorschneiden. Wir arbeiten weiter am Bandschleifer.

**Mit 60er Band schleifen wir entlang der Kontur.**

Da an der Unterseite recht viel Material abzutragen ist, bohren wir als Arbeitserleichterung ein paar Löcher. Das geht schneller, als das Material am Bandschleifer abzutragen, und schont Band und Maschine. Nun arbeiten wir am Bandschleifer die untere Kontur des Griffs und das Griffende heraus.

**Um Schleifband zu sparen, bohren wir auf der Unterseite, um möglichst viel Material zu entfernen.**

**Zurück am Bandschleifer arbeiten wir weiter an der Kontur.**

## 4.5 Herausarbeiten der Schneide

Die Außenkontur haben wir ja bereits vorgearbeitet. Die Schutzeinlagen werden nun montiert und das Messer mit Anreißlack überzogen. Zuerst zeichnen wir mit der Anreißnadel die Konturen unseres Schliffs an, beginnend am Ende der Schneide, beim Ricasso. Um symmetrisch zu arbeiten, spannen wir den Rohling in den Schraubstock und reißen beidseitig an.

Dann wird die Höhe unserer Schneide eingezeichnet. Die Schneidenlinie soll gerade verlaufen und in der Höhe genau an der Klingenspitze auslaufen.

Im nächsten Schritt übertragen wir die Maße (Höhenlinie, Schneide, Ricasso), um die Klinge herausarbeiten zu können.

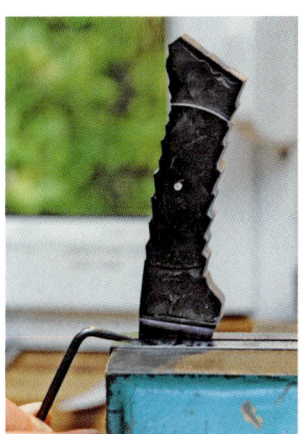

**Das Ricasso reißen wir im Schraubstock an, um beidseitig symmetrisch anzuzeichnen.**

Die Höhenlinie des Anschliffs übertragen wir von der Schablone auf den Rohling.

**Der Rohling wird auf Höhe der angerissenen Höhenlinie eingespannt und die Linie bis zur Klingenspitze beidseitig angerissen.**

Im vorderen Bereich zeichnen wir die Krümmung an, in der die Oberkante des Anschliffs auslaufen soll. Diese läuft parallel zur Schneide nach oben aus der Klinge. Die Schneidenmitte wird mit Umschlag angerissen.

Mit dem Anreißmess-schieber (alternativ auch mit einem Anreißzirkel) legen wir die Oberkante des Anschliffs fest. Die Linie verläuft parallel zur Schneide.

Die Klingenmitte wird im Umschlag angerissen. Durch das beidseitige Anreißen werden eventuelle Ungenauigkeiten sichtbar.

Am Bandschleifer arbeiten wir den Anschliff heraus. Dabei ist darauf zu achten, dass wir möglichst exakt an unseren angerissenen Kanten entlang arbeiten, diese aber nicht überschleifen. Im Bereich des Ricasso verwenden wir nur noch flexibles Schleifband P150, das wir am Kontaktrad etwa drei bis fünf Millimeter überstehen lassen. So legt sich das Schleifband flexibel um, und es ergibt sich beim Schleifen ein optisch ansprechender Übergangsradius.

Bei der Arbeit mit dem Bandschleifer lassen wir im Bereich des Ricasso noch etwas Material stehen. Auch hier wollen wir einen möglichst genauen Radius und saubere Kanten erhalten und arbeiten diesen Bereich später mit einem Schleifklotz und Schleifpapier nach.

Am Kontaktrad des Bandschleifers schleifen wir entgegen der Schneide nach und nach den Hohlschliff heraus. Wir arbeiten schrittweise und kontrollieren ständig das Ergebnis.

**Beim Schleifen sollten die angezeichneten Kanten exakt eingehalten werden. Auch die beidseitige Symmetrie muss immer wieder kontrolliert werden.**

Die Klinge wird in den Schraubstock eingespannt und überschliffen. Dabei arbeiten wir längs zur Klinge. Für den Übergang am Ricasso verwenden wir einen Schleifklotz mit einem entsprechenden Radius und lassen das Schleifpapier leicht überstehen.

An der Klingenspitze haben wir den Anschliff nach oben zum Klingenrücken auslaufen lassen. Um wieder eine saubere Schliffkante zu erhalten, müssen wir in diesem Bereich etwas Material im oberen Klingenbereich abnehmen. Wir bestreichen die Klinge mit Anreißlack und reißen die gewünschte Kante nach. Mit der Feile tragen wir das Material ab. Dabei muss darauf geachtet werden, möglichst exakt an der Kante entlang zu arbeiten. Danach schleifen wir mit dem Schleifklotz nach – auch hier wieder längs zur Klingenrichtung, also quer zu den Schleifspuren.

**Zum Überschleifen verwenden wir einen Schleifklotz, der dem Radius des Kontaktrads entspricht.**

**Die Klinge wird längs bis P240 überschliffen. Um das Ricasso zu schleifen, lassen wir das Schleifband leicht überstehen.**

**Die Höhenlinie wird erneut bis zur Klingenspitze eingezeichnet.**

**Oberhalb der Höhenlinie dünnen wir die Klingenspitze etwas aus und schleifen nach.**

In der Verlängerung zum Klingenrücken wird die untere Kante der nach oben überstehenden Fehlschärfe eingezeichnet und mit der Feile exakt zur Kante herausgearbeitet. Um beide Seiten symmetrisch zu schleifen, dient uns die angerissene Mittellinie der Klinge als Orientierung. Danach überschleifen wir per Hand bis P240.

Die untere Kante der Fehlschärfe wird angerissen.

Der Rohling wird senkrecht
eingespannt. Für die weitere
Bearbeitung dient uns die
angerissene Mittellinie als
Orientierung.

Mit der Feile arbeiten wir die Fehlschärfe heraus. Wir achten auf saubere Kanten.

Nach dem Feilen überschleifen wir mit Körnung P240.

## 4.6 Arbeiten an Griffkontur und Fangriemenöse

Da sich die genaue Kontur der Fangriemenöse erst nach Fertigstellung der Schuppen ergibt, arbeiten wir jetzt erstmal weiter am Griff. Wir entfernen den Anreißlack und kleben die Klinge ab, um sie bei der Arbeit am Bandschleifer zu schützen. Unsere „Schuppen" werden von der Schablone auf den Griff des Rohlings übertragen. Am Bandschleifer arbeiten wir die Kontur grob heraus.

**Die eingezeichneten Linien geben einen guten Eindruck vom späteren Ergebnis.**

Freihändig arbeiten wir am Bandschleifer grob die Kontur vor. Die Schuppen werden Stück für Stück rundum geschliffen.

Unser vorgeschliffener Rohling sieht schon sehr interessant aus.

Für die Feinarbeit an den Schuppen verwenden wir Feilen. Wir arbeiten möglichst sauber – gerade an den Kanten und Übergängen. Die Schutzeinlagen werden später entfernt, aber die Radien an Ober- und Unterseite des Rohlings werden in diesem Arbeitsschritt schon bearbeitet. Beim Griff arbeiten wir schrittweise und überprüfen immer wieder die Symmetrie.

**Mit der Feile runden wir alles gleichmäßig ab.**

Wie beim gefeilten Messer zeichnen wir nun die gewünschte Kontur der Fangriemenöse an. Wir bohren zwei Löcher innerhalb der Kontur und trennen mit der Laubsäge die Stege heraus. Mit der Feile geben wir der Fangriemenöse die gewünschte Form. Die Innenseite der Fangriemenöse schleifen wir erst mit der Feile fein nach.

**Die Riemenöse wird am Griffende angezeichnet.**

**Damit der Bohrer bei der gerundeten Fläche nicht abrutscht, verwenden wir zum Vorbohren einen Zentrierbohrer. Danach bohren wir mit einem normalen Bohrer komplett durch.**

Der Steg zwischen den Bohrungen wird mit einer Laubsäge herausgetrennt.

Mit der Feile glätten wir die Oberfläche in der Riemenöse.

Wir überschleifen den Griff noch einmal mit P240.

Nach dem Feilen schleifen wir den Griff fertig. Wir arbeiten mit einem Schleifklotz und Papier in den Körnungen P240/400/600. Auch die Fangriemenöse schleifen wir fein. Dazu verwenden wir schmale Schleifpapierstreifen, die Körnung steigt wie beim Schleifen des Griffs.

Auch den Klingenbereich bearbeiten wir mit Schleifpapier bis P400/600. Dabei wechseln wir mit der nächsten Körnung auch die Richtung beim Schleifen. So haben wir eine optische Kontrolle, ob der vorangegangene Schliff komplett überarbeitet wurde. Der Rohling wird dabei in eine Hilfsvorrichtung eingespannt und mit einem Lappen vor Beschädigungen geschützt.

Die Klinge schleifen wir bis Körnung 600.

**Mit einem kleinen Hammer werden vorsichtig die Schutzeinlagen herausgeschlagen.**

Unser Rohling ist fertig für die Härterei.

Nach diesem Arbeitsgang werden vorsichtig die Schutzeinlagen herausgetrennt. Wir haben dazu in unsere früher gebohrte Aufspannhilfe einen Passstift eingeschlagen, um den herum sich die Einlagen aus den Taschen herausdrehen lassen. Vorsichtig schlagen wir die Schutzeinlagen heraus, ohne die Kanten am Messer zu beschädigen. Der Rohling ist nun für die Härterei fertig vorbereitet.

## 4.7 Nach dem Härten

Nach dem Härten werden die Griffschalen angefertigt. Wir übertragen zunächst die Konturen von den Schutzeinlagen auf unser Griffmaterial. Dabei achten wir darauf, dass im Griffmaterial noch genügend Material um die Kontur herum zur Verfügung steht, um später Luft für Anpassungen zu haben.

Die Position der Zentrierbohrung wird von den Schutzeinlagen auf die Schalen übertragen. In die Schalen bohren wir ein zwei bis drei Millimeter tiefes Sackloch für die Aufnahme eines Passstifts. Damit können wir auf dem Rundtisch schrittweise arbeiten und unsere Backen nach jedem Arbeitsschritt wieder an der richtigen Stelle aufspannen.

**Wir übertragen die Kontur der Schalen von den Schutzeinlagen auf unser Griffmaterial. Auch die Zentrierbohrung wurde angezeichnet, um die Schalen auf dem Rundtisch einspannen zu können.**

Mit der Bügelsäge schneiden wir die Schalen grob vor und setzen sie nun in den Rundtisch ein. Der Schaftfräser wird analog zur Arbeit an den Taschen im Rohling eingestellt. Nun fräsen wir den vorderen und hinteren Radius der Griffschalen. Dabei arbeiten wir schrittweise und stellen vorsichtig zu, um eine möglichst genaue Passung zu erhalten. Nach jedem Arbeitsgang prüfen wir die Passung der Schalen im Griff. Die Schalen sollen möglichst stramm sitzen.

**Wir bohren Sacklöcher für die Aufnahme der Zentrierhilfe.**

**Mit der Bügelsäge arbeiten wir grob vor.**

Wir spannen die Schalen auf den Rundtisch und fräsen die Radien mit schräg gestelltem Kopf (Winkel 15°).

Nach dem ersten Fräsgang messen wir die Griffschale und vergleichen das Maß mit den Griffeinlagen, um eine Schätzung für die Zustellwerte zu erhalten.

Die angepassten Schalen werden jetzt in den Griff eingedreht. Ist der Sitz sehr stramm, kann man mit einem kleinen Hammer vorsichtig nachhelfen. Sobald die Schalen passend sitzen, überprüfen wir das ganze nochmal auf Spalten oder unsauberen Sitz. Danach werden die Schalen mit Sekundenkleber fixiert.

Wir arbeiten in kleinen Schritten und überprüfen regelmäßig die Passung. Sitzen die Schalen stramm und spielfrei, werden sie in die Taschen eingedreht.

Eventuell helfen wir mit leichten Hammer-schlägen nach.

Mit Sekundenkleber verkleben wir die Schalen.

Die grobe Außenkontur arbeiten wir mit dem Bandschleifer heraus, die Schuppen zeichnen wir mit Bleistift nochmals an und feilen sie mit der Hand heraus. Nach dem Feilen geht es ans Finish.

**Am Bandschleifer arbeiten wir weiter an der Kontur.**

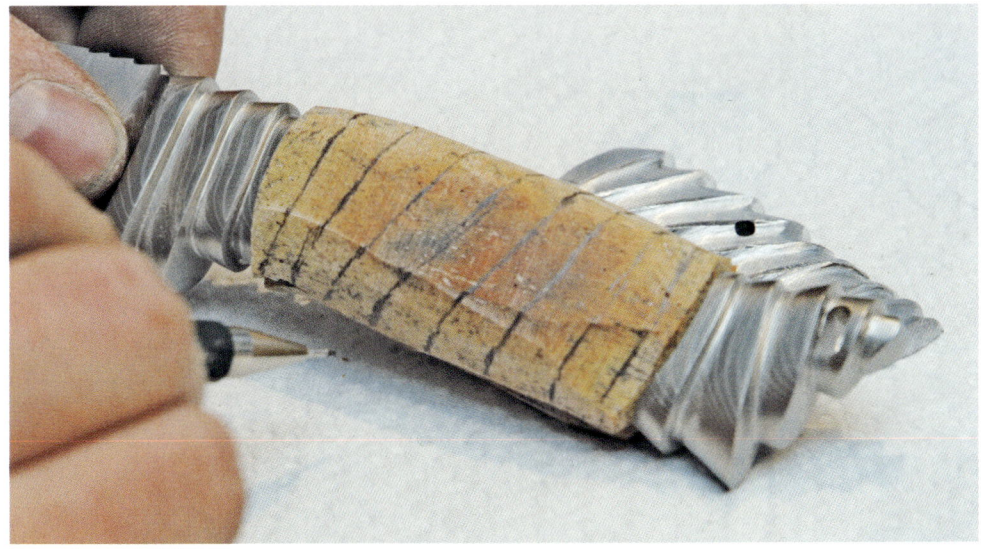

**Die Schuppen werden erneut angezeichnet.**

**Mit der Feile werden die Schuppen herausgearbeitet.**

## 4.8 Finish

Für die Bearbeitung der Klinge spannen wir das Messer in eine Haltevorrichtung. Mit einem Lappen umwickelt und nur mit Gummistopfen gehalten, wird der Griff sicher vor Schäden geschützt. Die Klinge satinieren wir mit P600/P800 und arbeiten dabei immer nur in eine Richtung, zur Klingenspitze hin.

An den Schalen beginnen wir mit P240, lassen in diesem Arbeitsschritt aber noch Griffmaterial über der Griffkontur stehen, um die Übergänge nicht zu verschleifen. Erst beim Feinschleifen mit P400 und P600 arbeiten wir saubere Übergänge heraus.

Bei unserem Messer können die Schuppen und das umgebende Metall nur in Schuppenrichtung geschliffen werden. Um sicher zu gehen, dass wir auch keinen Bereich beim Schleifen übersehen, lackieren wir die zu bearbeiteten Flächen nach jedem Körnungswechsel mit Porenfüller oder Schnellschleifgrund. Wir schleifen das Griffmaterial und danach das gesamte Messer sauber bis P800.

**Die Klinge wird fest eingespannt und bis P800 satiniert.**

Um die Struktur des Damaststahls hervortreten zu lassen, wird das Messer geätzt. Die Griffschalen werden dabei mit geeignetem Abdecklack geschützt. Der Fritz-Schneider-Damast unseres Messers ist mit Eisen-3-Chlorid ätzbar. Als Schutzlack für die Schalen ist normaler Nagellack ausreichend. Die Übergänge vom Griffmaterial zum Messer müssen allerdings sehr sauber abgedeckt werden – Lack auf dem Stahl schneiden wir nach dem Trocknen mit einem Skalpell entlang der Kanten ab.

Für andere Ätzmittel finden sich im Bereich der Schmuckindustrie (Abdecklack rot) oder des Kunsthandwerkerzubehörs (Asphaltlack = Bitumenanstrich) diverse Schutzlacke. Inwieweit die Lacke gegenüber den verwendeten Säuren resistent sind, sollte man an Probestücken testen.

Mit einem Schleifklotz und 240er Schleifleinen schleifen wir die Oberflächen weiter.

**Ab P600 schleifen wir bis auf den Stahl herunter.**

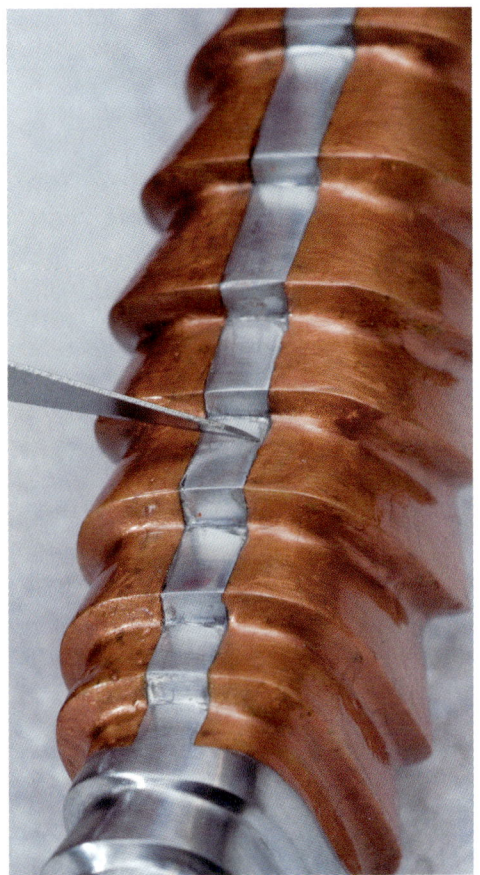

**Mit Nagellack werden die nicht zu ätzenden Bereiche abgedeckt.**

**Den überstehenden Lack entfernen wir vorsichtig und genau mit einem Skalpell.**

Zum Ätzen verwenden wir ein ausreichend großes Glas und stellen es in einen mit warmem Wasser gefüllten Eimer. Das hat zwei Vorteile: Die Wärme beschleunigt den Vorgang, zusätzlich fängt der Eimer eventuell austretende Säure auf.

Nach ein paar Minuten Einwirkzeit ziehen wir das Messer aus dem Bad und wässern es ein wenig zur Neutralisation. Zur oberflächlichen Reinigung wischen wir mit einem Lappen die Klinge ab und prüfen mit dem Fingernagel die Tiefe der Ätzung. Je nachdem wie die Säure „greift" und wie tief man die Ätzung haben will, wiederholt man den Vorgang.

Nach dem Ätzen wird das Messer gründlich gewässert und gesäubert. Der Schutzlack wird mit geeigneten Lösungsmitteln (Waschbenzin, Verdünnung, Spiritus) entfernt. Hat der Schutzlack gehalten? Wenn nicht, kann man vorsichtig partiell überschleifen und nachpolieren.

Nun wird die geätzte Oberfläche nochmals vorsichtig mit feinstem Schleifpapier (zum Beispiel gebrauchtes, altes P2000) überarbeitet. So tritt das Muster noch scharfkantiger hervor.

Nachdem das Messer mit Aceton gereinigt wurde (Vorsicht, nicht den Nagellack wieder abwischen!), wird das Messer in das Säurebad gehängt.

Wir kontrollieren regelmäßig den Fortgang des Ätzens. Hat der Stahl genug Zeichnung, spülen wir in klarem Wasser nach.

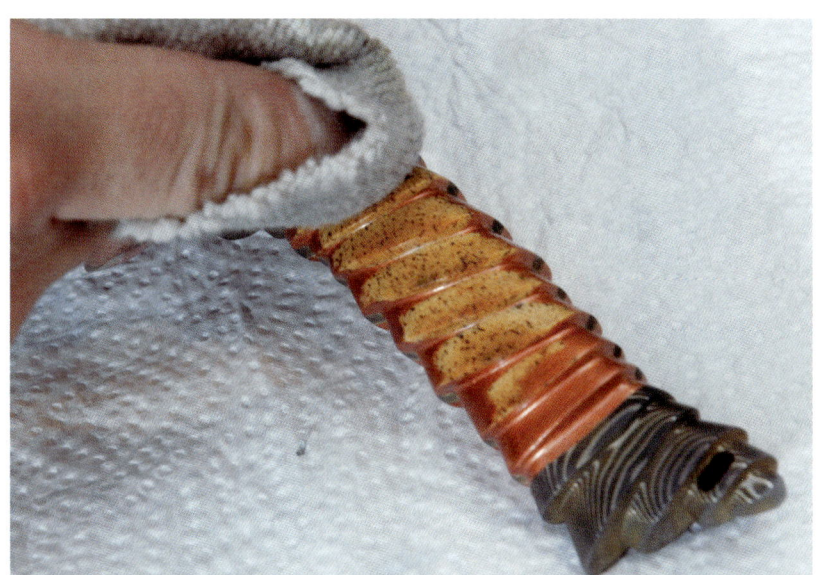

Wir entfernen den Abdecklack.

Das Messer ist nach dem Ätzen noch etwas matt. Die Oberfläche muss noch fein (P2000) überschliffen werden.

**Als optischen Effekt überschleifen wir die Fläche an der Klinge mit P800 und Diamantpaste.**

**Mit einer Diamantfeile wird die Schneide abschließend geschärft.**

**Die Fläche ist überschliffen. Das Messer wird nochmals vorsichtig überpoliert.**

Das Messer wird mit dem Diamantschleifstab geschärft. Der Griff wird abschließend nochmals von Hand überpoliert beziehungsweise sehr fein geschliffen und mit geeigneten Mitteln gepflegt (Leinöl-Wachsprodukte, Danish Oil, Schelllackpolitur). Je glänzender das Finish wird, desto empfindlicher ist es.

Im letzten Arbeitsschritt gravieren wir das Logo mit der Graviermaschine ein. Um die Struktur des Damasts wirken zu lassen, setzen wir das Logo nicht auf die Klingenfläche, sondern auf den Messerrücken.

Am Klingenrücken wird auf der Graviermaschine das Logo von Stefan Steigerwald eingraviert.

Das fertige Integralmesser im Steigerwald-typischen „Schuppendesign".

# PROJEKT III: ERODIERTES INTEGRALMESSER

Die meisten der vorab beschriebenen Arbeitsschritte entfallen, wenn man den Klingenrohling vorfertigen lässt. In unserem Fall wurde der Rohling drahterodiert. Dabei wurde der Klingenbereich passend verjüngt. Die Tasche für die Griffschalen wurde samt Schwalbenschwanzpassung fertig geschnitten. Auch die spätere Griffkontur – unser Griff wird in der Mitte etwas bauchiger und läuft nach vorne und hinten schmäler aus – wurde bereits vorgefertigt.

**Taschen, Klingenkontur, verjüngte Angel. Nach dem Drahterodieren kommt der Rohling fast fertig zu uns.**

## 5.1 Anfertigen von Schutzeinlagen

Auch für diesen Rohling fertigen wir passende Schutzeinlagen auf der Fräsmaschine an, wie im Kapitel 4.3 beim gefrästen Messer beschrieben. Da die Schutzeinlagen winklig sitzen und von den Schwalbenschwanzpassungen gehalten werden, sichern wir sie für die weitere Bearbeitung nur mit Sekundenkleber.

**Analog zum Fräsprojekt fertigen wir auf der Fräsmaschine passende Schutzeinlagen an. Mit Sekundenkleber werden die Einlagen gesichert.**

## 5.2 Herausarbeiten der Außenkontur

Der Umriss unseres Messers wird auf den Rohling übertragen. Mit dem Winkelschleifer trennen wir überschüssiges Material grob ab. Die Außenkontur arbeiten wir am Bandschleifer mit einem Band der Körnung P40 heraus. Auf der Unterseite des Griffs, an der Griffmulde, lassen wir etwas Material stehen. Diesen Bereich werden wir im nächsten Arbeitsschritt herausfräsen.

**Mit Hilfe der Schablone zeichnen wir die Umrisse unseres Messers auf dem Rohling an.**

**Mit dem Trennschleifer entfernen wir möglichst viel Material.**

**Am Bandschleifer arbeiten wir weiter an der Kontur.**

Vor dem Einspannen in die Fräse prüfen wir nochmals, ob unser Rohling mit der Schablone übereinstimmt und zeichnen bei Bedarf nach. Der Rohling wird an den Seiten passend unterfüttert – dafür haben wir die Abfallstücke aus dem Erodierprozess als Spannhilfen verwendet – und in den Maschinenschraubstock eingespannt.

Mit dem Radiusfräser arbeiten wir entlang der eingezeichneten Konturen. So werden die Fläche sowie die Radien in den Übergängen zum Griffende und dem Handschutz in einem Arbeitsgang gefertigt. Danach schleifen wir die Flächen auf allen Seiten des Rohlings mit der Hand bis P240.

**Bevor wir den Rohling in die Fräse spannen, überprüfen wir nochmals die Kontur anhand unserer Schablone.**

**Der Rohling wurde beim Einspannen passend unterfüttert. Mit dem Walzenstirnfräser fräsen wir Fläche und den Radius im Übergang zum Parierstück und dem Griffende in einem Durchgang.**

Auch aus der Klingenrichtung wird der Radius gefräst.

Der Rohling wird anschließend rundum mit P240 überschliffen.

## 5.3 Herausarbeiten der Schneide

Auf einer planen Unterlage werden die Flächen der Backen und des Griff-
rückens plan geschliffen. Die Übergänge zu den Schutzeinlagen sollten keine
Kanten mehr aufweisen. Danach wird auf der Unterseite der Klinge die Mitte des Rohlings mit Umschlag angerissen. Diese Risslinie dient uns beim
Arbeiten am Bandschleifer als Orientierung.

**Auf einer ebenen Unterlage schleifen wir die Übergänge vom Griff zur Griffeinlage plan.**

**Der Rohling wird auf eine plane Unterlage gelegt. Mit dem Höhenreißer kennzeichnen wir
im Umschlagsverfahren die Schneidenmitte.**

Wir markieren das Ende des Anschliffs beidseitig mit dem Marker. Analog zu unserer Schablone zeichnen wir auch die obere Schlifflinie ein. Um symmetrisch zu arbeiten, spannen wir den Rohling passend in den Schraubstock ein und markieren jeweils entlang der Spannbacken.

**Um parallel anzuzeichnen, spannen wir die Klinge in den Schraubstock. Wir markieren das Ende des Anschliffs.**

**Wir markieren die Höhe des Anschliffs. Analog zur Schablone verläuft die Höhenlinie parallel zur Schneide exakt in die Klingenspitze.**

**Am Schraubstock zeichnen wir die Höhenlinie beidseitig an.**

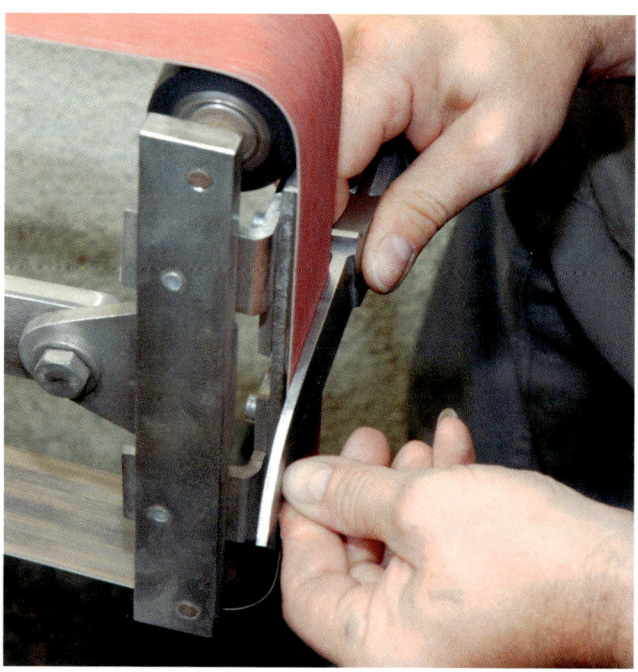

Wir arbeiten entgegen der Schneide an der Flachschleifeinrichtung des Bandschleifers. Dabei orientieren wir uns an der Mittellinie der Schneide und am Ricasso. Da wir zunächst mit einem harten Band vorarbeiten (P60), schleifen wir nicht ganz an das Ricasso heran. Da sich das Band an der Kante der Flachschleifeinrichtung nicht umlegt, würde eine gerade Kante, kein Radius entstehen.

Am Bandschleifer arbeiten wir Schritt für Schritt den Anschliff (flacher Keilschliff) heraus. An der Klingenspitze ziehen wir den Schliff nach oben. Wichtig ist es, darauf zu achten, beim Schleifen möglichst exakt an die angezeichneten Kanten heranzuarbeiten.

Wir arbeiten gleichmäßig auf beiden Seiten, um Spannungen im Stahl und damit eventuellen Härteverzug zu vermeiden.

Die Schneidenstärke ist ausgeschliffen (etwa 0,4 mm). Wir arbeiten nun an die obere Schnittkante heran, indem wir den Druck zur Kante hin verstärken.

Mit feinerem Band (P150) überschleifen wir den Anschliff. Um als Übergang zum Ricasso einen Radius zu erhalten, lassen wir das Band etwas überstehen, so dass es sich um die Flachschleifeinrichtung umlegen kann.

**Der Zustand unseres Rohlings nach der Arbeit am Bandschleifer.**

Nach der Arbeit am Bandschleifer überschleifen wir den Anschliff mit Schleifpapier P240. Eine Einspannhilfe (siehe Bild) verhindert, dass die Flächen verkratzt werden. Alternativ kann die Klinge natürlich auch in den Schraubstock gespannt werden, wobei man den Rohling entsprechend schützen sollte (Spannbacken mit Alu oder Holz unterfüttern).

Um die obere Kante des Anschliffs herausarbeiten zu können, müssen wir die Klinge an der Oberseite entsprechend ausdünnen. Mit einem Edding-Stift markieren wir erneut beidseitig die Kante unseres Klingenanschliffs und ziehen diese Linie bis zur Klingenspitze. Entlang dieser Kante dünnen wir auf beiden Seiten den vorderen Klingenbereich aus. Dazu arbeiten wir grob mit der Feile und schleifen danach mit P240 fein. Dabei schleifen wir immer in Richtung Klingenspitze.

Mit Schleifpapier P240 und einem Schleifklotz wird die Klinge in Längsrichtung überschliffen.

Die Höhenlinie wird erneut angezeichnet.

Um eine gerade und durchgehende Höhenlinie zu erhalten, müssen wird die Klinge im vorderen Bereich – an dem wir vorher den Klingenanschliff hochgezogen haben – ausdünnen. Wir arbeiten entlang der Höhenlinie mit der Feile vor.

Mit P240 und einem harten Schleifklotz überarbeiten wir wechselweise Schneide und Fläche, bis wir eine präzise Höhenlinie erhalten.

Als nächstes markieren wir die Facette auf der Klingenoberseite. Wir ziehen dazu eine Linie in Verlängerung des Klingenrückens bis zur Klingenspitze. Die Klingenmitte reißen wir auf der Oberseite mit Umschlag an. Die Facette wird gefeilt und zuletzt mit Schleifklotz und P240/P400 immer in Richtung Klingenspitze überschliffen. Auch hier achten wir darauf, dass wir exakt an den vorgezeichneten Markierungen entlang arbeiten, um sauber konturierte Kanten zu erhalten.

**Die Unterkante der Fehlschärfe wird festgelegt. Sie verläuft in Verlängerung des Klingenrückens zur Klingenspitze.**

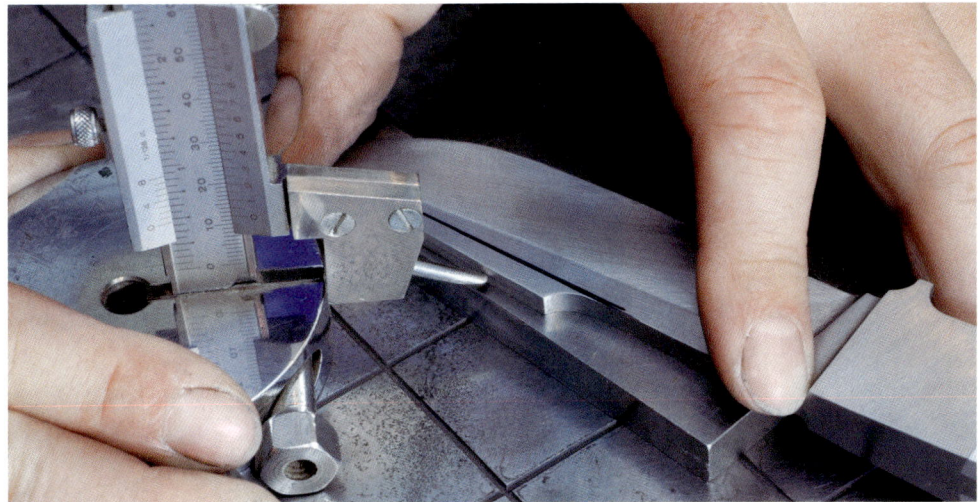

**Mit dem Höhenreißer markieren wir im Umschlag die Mitte.**

**Die Fehlschärfe wird gefeilt.**

**Mit P240 überschleifen wir anschließend den gefeilten Bereich.**

## 5.4 Arbeiten an Griffkontur und Fangriemenöse

Auch beim erodierten Messer arbeiten wir die Fangriemenöse zusammen mit der Griffkontur heraus. In späteren Arbeitsschritten werden wir den Griff satinieren und die Griffschalen polieren. Dabei ist es hilfreich, eine Freifläche zu haben, so dass wir bis an die jeweiligen Kanten heran arbeiten können, ohne an das danebenliegende Finish anzustoßen.

Deshalb fräsen wir an den Übergängen der Griffeinlagen zum Messer Rillen in den Rohling. Um Ausrichtung und Maß der Rille zu prüfen, verwenden wir testweise unsere Schutzeinlagen. Wenn alles richtig eingerichtet ist, fräsen wir die Rillen in unseren Rohling. Wir notieren die Koordinaten und unsere Zustellwerte, um auf beiden Seiten symmetrisch zu arbeiten.

**Um sicherzugehen, dass die Rille parallel zum Übergang Schalen-Backen verläuft, fräsen wir testweise in die Griffschale.**

**Wenn alle Einstellungen stimmen, fräsen wir die Rille in den Rohling.**

**Analog arbeiten wir die Rillen auch im hinteren Übergang heraus.**

Mit einem Schaftfräser werden die Kanten auf der Griffunterseite abgeschrägt. Dabei achten wir darauf, die Übergänge zum Fingerschutz und dem Griffende nicht zu beschädigen. Diesen Bereich arbeiten wir später per Hand mit Schleifpapier heraus.

Auch die Riemenöse fräsen wir in diesem Arbeitsschritt. Wir spannen das Messer so ein, dass der Fräsradius parallel zur Griffaußenkante verläuft. Mit dem Schaftfräser wird die Öse herausgearbeitet.

Für die Bearbeitung der Unterkante stellen wir den Schaftfräser um 20° schräg.

Die Riemenöse fertigen wir auf dem Rundtisch. Wir richten den Rohling so aus, dass die Riemenöse parallel zur Außenkante des Griffs gefräst werden kann.

Mit der Feile und Schleifpapier bis P600 wird die Riemenöse sauber geschliffen. Auch die anderen Flächen inklusive Klinge, der Schrägen und der Übergänge werden bis P600 verschliffen. Die Alu-Schutzeinlagen werden anschließend entfernt. Das Messer ist bereit für die Härterei.

Der Bereich des Parierstücks wurde zusätzlich seitlich mit einem Radiusfräser ausgedünnt und anschließend passend zur Griffunterseite überschliffen. Im hinteren Griffbereich haben wir die gefräste Fase mit der Hand weiter gefeilt und zum Griffende hin auslaufen lassen.

Wir überschleifen alle Flächen in Schritten P240/P400/P600.

Mit vorsichtigen Hammerschlägen entfernen wir die Griffeinlagen. Die Klebereste werden entfernt. Unser Rohling ist nun fertig für die Härterei vorbereitet.

## 5.5 Nach dem Härten

Der fertig gehärtete Rohling wird zuerst auf Verzug kontrolliert. Danach wird das Griffmaterial angepasst. In unserem Fall ist das durch die Form und das verwendete Material – Meteorit – nicht unproblematisch. Das Meteoritgestein ist teilweise glashart, enthält aber auch weiche Bestandteile wie Nickel. Deshalb besteht die Gefahr, dass das Material bei der Arbeit bricht – was man bei den Preisen für Meteoriten lieber vermeiden sollte. Ähnlich wie bei der Verarbeitung von Halbedelsteinen (Lapis-Lazuli, Malachit) verwenden wir zur Anpassung Diamantwerkzeuge – und viel Geduld.

Wir trennen das Meteoritmaterial in die gewünschte Größe. Die Rückseite wird plan geschliffen und die Höhe an unsere Taschen im Messer angepasst. Die Kontur der Schutzeinlagen wird auf das Meteoritmaterial und Unterlagen aus Silberblech übertragen. Die Silberplättchen werden in die Taschen eingepasst und mit Sekundenkleber fixiert. Dabei achten wir auf genaue Planlage und einen spaltfreien Sitz.

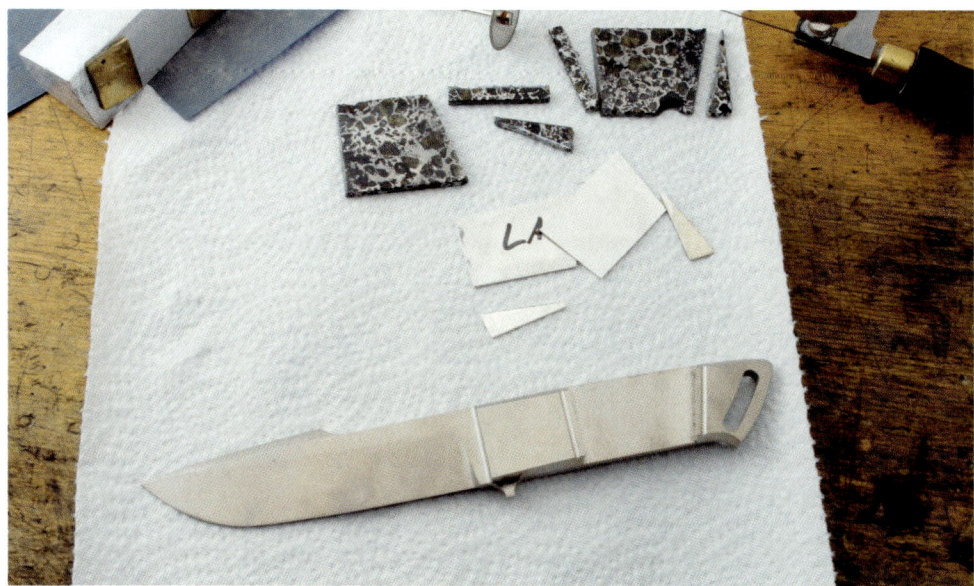

**Für die Schalen wurde Meteoritmaterial und Silberblech vorbereitet. Die Unterseite der Meteoritschalen haben wir plan geschliffen. Die Einpassungen sind von Hand mit Hilfsschablonen geschliffen worden.**

**Die Silberplättchen und der Meteorit werden eingelegt.**

Die Meteoritstücke werden nun eingelegt. Die Passungen überprüfen wir exakt mit einer Lupe. Mit Sekundenkleber werden die Schalen danach fixiert.
Mit einer Diamanttrennscheibe schneiden wir die Griffschalen vorsichtig
entlang der Messerkontur. Dabei lassen wir etwas Material überstehen. Vorsichtig wird mit Feile und Schleifpapier weitergearbeitet, bis die Schalen
schließlich an die Griffkontur angepasst sind.

Unter dem Stereomikroskop überprüfen wir die Passungen.

Die Griffeinlagen werden mit Sekundenkleber fixiert.

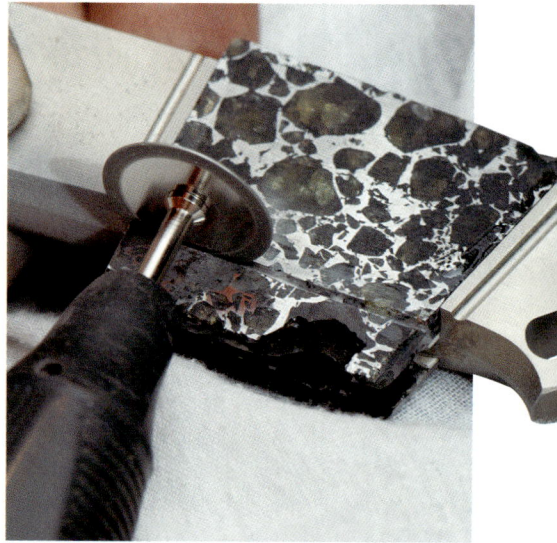

Mit der Diamanttrennscheibe entfernen
wir das überstehende Material.

Die Konturen werden rundum möglichst vorsichtig zurechtgeschliffen.

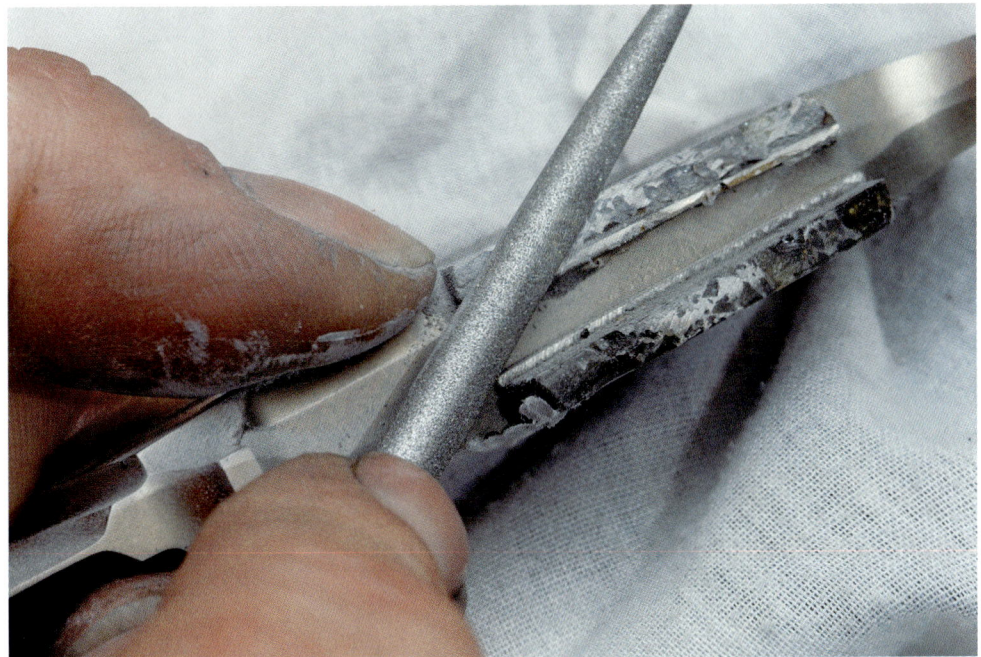

Mit Feile und Schleifpapier bearbeiten wir die Kontur weiter.

## 5.6 Finish

Das Messer wird komplett überschliffen und satiniert bis P1000 auf allen matten Flächen. Ober- und Unterseite werden bis P2000 geschliffen und anschließend mit Paste poliert.

Auf gleiche Weise wie beim gefeilten Integralmesser werden Logo und weitere Motive in Klinge und Griff geätzt. Danach wird das Messer geschärft und nochmals überpoliert. Fertig!

**Wir überschleifen Klinge und alle Flächen bis P1000 und polieren.**

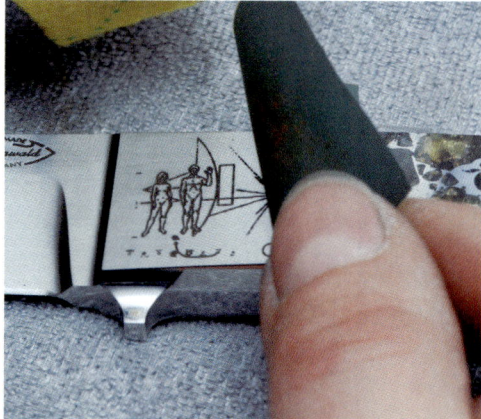

**Die Ätzlogos werden nacheinander angebracht.**

Mit einer Diamantfeile schärfen wir die Klinge.

Unser fertiges Integralmesser mit Meteorit-Backen (Seymchan). Die Gravuren zeigen
das Motiv aus den Plaketten der Raumsonden Pioneer 10 und Pioneer 11 – den Gruß der
Menschheit an außerirdische Lebensformen.

# MESSER MAGAZIN Workshop-Serie

### Liner-Lock-Messer

P. Fronteddu und S. Steigerwald zeigen in diesem Workshop-Band:
- wie man ein Messer mit Liner-Lock-Arretierung konstruiert
- wie man eine Funktionsschablone herstellt
- wie man die Bauteile anfertigt
- wie man daraus ein komplettes Messer macht

Dabei erläutern sie die Grundprinzipien und stellen verschiedene Varianten vor. Dadurch bekommt der Leser eine Anleitung für die selbstständige Arbeit mit eigenen Entwürfen. Jeder Schritt, von der Designskizze bis zum Finish, wird verständlich erklärt. Ergänzende Funktionszeichnungen und Grafiken machen die Zusammenhänge deutlich.

ISBN: 978-3-938711-09-5
128 Seiten, EUR 29,80

### Messer schmieden für Anfänger

In diesem Workshop-Band:
- die wichtigsten theoretischen Grundlagen
- Bau einer einfachen Esse
- Schmieden einer Klinge
- Wärmebehandlung
- Bau eines fertigen Steckangelmessers

Ernst G. Siebeneicher-Hellwig und Jürgen Rosinski zeigen, wie man mit einfachsten Mitteln ohne großen Aufwand oder hohe Kosten mit dem Schmiedehobby beginnen kann. Alle Schritte werden leicht verständlich in Wort und Bild erklärt. Material- und Werkzeugübersichten runden den Band ab.

ISBN: 978-3-938711-10-1
128 Seiten, EUR 29,80

### Back-Lock-Messer

In diesem Band erfahren Sie:
- wie man ein Back-Lock-Klappmesser konstruiert
- wie man eine Funktionsschablone herstellt
- wie man die Bauteile anfertigt
- wie man für einwandfreie Funktion sorgt

Dabei erläutern sie die Grundprinzipien und stellen verschiedene Varianten für technische Lösungen vor, die auf die Werkstattausrüstung und die Vorlieben jedes Messermachers abgestimmt sind. Jeder Schritt, von der Designskizze bis zum Finish, wird in Wort und Bild verständlich erklärt. Funktionszeichnungen und Grafiken machen die wichtigen Zusammenhänge deutlich. Mit dieser Anleitung kann die anspruchsvolle Aufgabe, ein Back-Lock-Messer zu bauen, sicher bewältigt werden.

ISBN: 978-3-938711-14-9
144 Seiten, EUR 29,80